Couvertures supérieure et inférieure
manquantes

SIX MOIS AUX INDES

IMPRIMERIE CHAIX, 20, RUE BERGÈRE, PARIS. — 12038-5-9.

SIX MOIS

AUX INDES

— CHASSES AUX TIGRES —

PAR

LE PRINCE HENRI D'ORLÉANS

QUATRIÈME ÉDITION

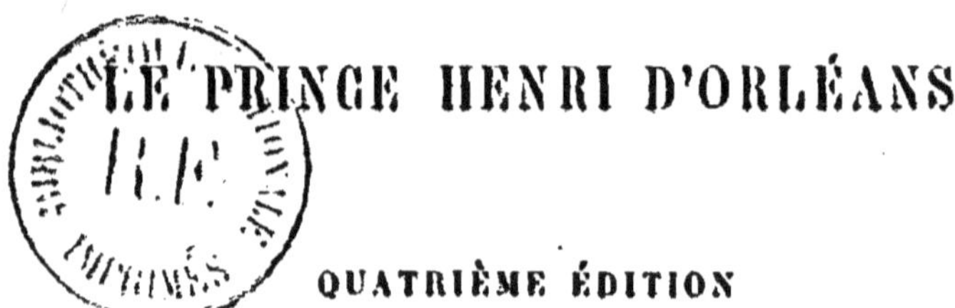

PARIS

CALMANN LÉVY, ÉDITEUR

ANCIENNE MAISON MICHEL LÉVY FRÈRES

3, RUE AUBER, 3

—

1889

PRÉFACE

———

L'idée du voyage, dont je raconte ici la meilleure partie, est liée à un des plus douloureux souvenirs de ma vie. Je venais d'être déclaré admissible à Saint-Cyr, lorsque la loi du 22 juin 1886 m'en ferma les portes et, en m'excluant de l'armée, m'interdit la carrière vers laquelle j'avais dirigé tous mes efforts, la seule où il me fût permis d'entrer dans les circonstances que nous traversons.

Je me trouvais donc, à dix-huit ans, délié par force du plus cher et du plus saint des devoirs, condamné à une oisiveté que ne pouvaient remplir les études abstraites auxquelles on me conviait.

Mon père le comprit et me proposa d'entreprendre un voyage autour du monde, où je trouverais, dans le mouvement même, un semblant d'action. J'acceptai avec joie : depuis longtemps déjà j'étais hanté du désir d'horizons nouveaux et de spectacles imprévus...

Mais j'étais trop jeune encore, trop inexpérimenté, pour qu'on pût m'ouvrir alors, et d'un seul coup, le libre champ des aventures. Je dus attendre une année entière, que j'employai à me préparer de mon mieux à ma nouvelle vie.

Ce fut seulement à la fin de l'été 1887 que je quittai la France, et les événements avaient marché de telle façon qu'une crainte commençait à naître en moi, celle de trouver, au retour, les portes mêmes de la patrie fermées à ma famille.

Grâce à Dieu, cette épreuve m'a été épargnée, et j'ai pu rédiger à loisir et signer, sur la terre française, ce récit d'un long voyage où la pensée de la France ne m'a pas quitté un seul jour!

HENRI D'ORLÉANS.

Paris, mai 1889.

DE BOMBAY A CALCUTTA

I

En route pour les Indes. — Mon compagnon. — Itinéraire
général du voyage.

Après un an d'attente, le grand jour est enfin
arrivé : le 22 septembre 1887, je prends place
dans l'express de Marseille en face de M. de
Boissy qui m'accompagne dans mon « tour du
monde ».

Petit, sec, nerveux, l'œil vif, les traits ac-
centués, M. de Boissy est un ancien lieutenant
de chasseurs qui, sa démission donnée, a
consacré sa vie aux voyages. Il a parcouru en
tous sens le bassin de la Méditerranée, tantôt

traversant à pied les montagnes qui séparent la Grèce de la Bulgarie, tantôt suivant à cheval l'expédition anglaise en Égypte, où il assistait, seul Français, à la bataille de Tell-el-Kébir. Amoureux passionné du mouvement et des aventures, connaissant à merveille le pays que nous allons visiter, c'est mieux qu'un compagnon, c'est le plus charmant guide que je puisse désirer.

J'emmène mon valet de chambre, Charles Fouilloux, garçon dévoué et précieux en voyage, car il a plus d'un métier dans son sac : sans même prendre la peine de changer de veste, comme maître Jacques, il sait se transformer tour à tour en photographe, en géologue, en empailleur, en emballeur, en secrétaire, — que sais-je ? c'est un homme utile à tous égards, et il n'est que juste de lui rendre ici ce témoignage.

Notre itinéraire est déjà tracé, au moins quant aux grandes lignes : notre but, c'est l'Inde où tout nous attire, les magnificences de la nature et l'étrangeté grandiose de l'antique civilisation qui étonne encore le voyageur par ses ruines.

Et puis, — s'il faut tout dire, — ce qui me séduit personnellement plus que tout dans ce pays rêvé, c'est l'idée des chasses qu'il offre. Mes amis de Breteuil m'ont fait de tels récits de leurs expéditions contre les grands fauves que le cœur me bat à ce souvenir, et que je brûle de m'écrier à mon tour :

— *Anch'io son... cacciatore!*

Je préfère donc l'avouer d'avance, quelque zèle que je mette à observer les contrées que nous allons traverser, quelque plaisir que j'y trouve, j'aurai toujours à l'esprit une idée prédominante : c'est pour les tigres que je suis venu et je veux marcher aux tigres ! Je sens bien que mon récit devra se ressentir quelque peu d'une telle préoccupation. Puisse au moins cette franchise me servir d'excuse à chaque fois qu'il paraîtra insuffisant !

En octobre, la température est encore insupportable dans les plaines de l'Inde : on ne commence à y chasser que dans le courant de janvier. Nous avons deux mois de libres avant de nous engager dans la mer Rouge : il a été décidé que nous les emploierions à visiter la Grèce et l'Égypte.

Ce ne sont pas là les moins bons souvenirs de mon voyage, mais la Grèce et l'Égypte ont été parcourues et décrites par un trop grand nombre d'hommes éminents, — historiens, archéologues et artistes, — pour que je m'aventure à revenir sur leurs traces.

Les impressions individuelles n'ont d'intérêt pour autrui que lorsqu'elles correspondent à des faits qui sortent un peu de l'ordinaire. Or, à Athènes comme au Caire, je n'ai vu et fait que ce que tant d'autres ont fait et vu avant moi. Tout ce que je pourrais tenter serait d'exprimer ma reconnaissance pour S. M. le roi des Hellènes et S. A. le khédive qui m'ont accueilli avec le plus aimable empressement; mais un mot suffit à l'accomplissement de ce devoir qui, envers de tels hôtes, ne va pas sans discrétion.

Ce récit commencera donc à mon arrivée aux Indes, au moment où, débarquant à Bombay, j'entre dans une vie nouvelle qui me promet tant d'émotions.

II

Nous arrivons à Bombay le 29 novembre. La rade est superbe, fermée d'un côté par des coteaux boisés, dont le ton bleuâtre se confond au loin avec la brume de chaleur qui flotte à l'horizon, — de l'autre par la pointe pittoresque de Malabar Hill, où les villas apparaissent ensevelies dans des bois de cocotiers aux feuilles curieusement découpées. L'effet est pour moi d'autant plus saisissant que depuis huit jours nous naviguons entre le ciel et l'eau, et que je ne suis pas encore accoutumé à ces longues traversées.

Une fois débarqué, ce qui me frappe tout d'abord c'est la grandeur de la ville européenne. J'aperçois partout de larges boulevards que bordent des monuments gigantesques : hôtels, palais de justice, églises. Il est vrai que le plus parfait mauvais goût a présidé en général à ces constructions : l'art arabe s'y mêle au style grec avec quelques réminiscences de goût chinois, ce qui produit un singulier effet à qui vient de voir le Parthénon. Mais c'est solide, bien bâti, grandiose ; ces édifices semblent en quelque sorte être des sentinelles placées aux portes des Indes, pour attester au nouvel arrivant la grandeur et la puissance de l'empire colonial anglais.

D'ailleurs nous oublions bien vite la ville européenne pour la ville hindoue, qui est bien une des choses les plus originales que nous ayons jamais vues. Le bazar surtout offre un incroyable mélange de races et de costumes, et nous ne pouvons nous lasser de contempler la foule bigarrée qui s'y meut sans relâche Tantôt nous heurtons un parsi, ou adorateur du soleil, facile à reconnaître à son teint clair, à sa corpulence, à sa robe blanche et à sa mitre de toile cirée noire. Les parsis sont à Bombay ce que sont les Chinois au Japon : ils représentent la classe industrieuse et habile, les marchands, les gens d'affaires, les *compradores*. Ils sont riches et vivent à part, formant comme un peuple séparé qui a ses écoles, son théâtre et surtout son cimetière, cette fameuse *Tour du Silence*, où les cadavres des fidèles sont offerts en pâture aux vautours.

Tantôt ce sont des Arabes, grands, maigres, la peau hâlée, marchant à la file; ils sont vêtus d'un lourd burnous de laine et portent un gros turban brun orné de glands qui pendent sur leurs épaules.

Ici, un vieillard à longue barbe, couvert de haillons, portant un bonnet en forme de cône orné partout de clochettes, s'avance appuyé sur un long bâton. Sa figure est décharnée : un peu de peau sur les os, avec deux trous brillants et sombres. C'est un derviche de l'Asie centrale, quelque saint ou prophète qui a franchi les montagnes de l'Afghanistan

1.

pour venir prêcher aux Indes. Ce qui me fait songer aux récits de Vambéry.

Et là, plus loin, partout, une multitude de petits hindous, à demi vêtus, la tête chargée d'un énorme turban de couleur voyante, race servile, rampante et méprisée.

Le spectacle change sans cesse et nous amuse toujours. Nous passons des journées entières dans ce bazar, à regarder les gens aller et venir ; et, le soir, lorsque la nuit commence à tomber, nous allons nous promener dans les bois de cocotiers situés au pied de Malabar Hill, qu'éclairent des centaines de petites lanternes fixées aux troncs, et nous nous laissons bercer par la musique monotone qui accompagne le chant doux et nasillard de quelque pauvre hindou.

Notre séjour à Bombay ne doit pas être long, — juste assez pour faire quelques achats urgents, nous mettre en relation avec les personnes à qui nous apportons des lettres, et, d'après les renseignements recueillis, arrêter définitivement notre plan de voyage dans la péninsule.

Nous sommes vite fixés sur ce dernier

point. La lettre que je reçois du vice-roi des Indes, lord Dufferin, nous dicte notre résolution : tout en m'assurant que son concours ne nous fera pas défaut, il m'apprend qu'il est moins facile de chasser le gros gibier aux Indes, qu'on ne le croit communément ; qu'en tout cas, il ne faut pas y songer avant le commencement de février...

Voici un nouveau délai de deux mois ; nous en userons pour visiter le pays ; je ne m'en plains pas : tant de merveilles vont se dérouler devant nous ! et puis enfin, si grand chasseur qu'on soit « devant l'Éternel », il faut bien s'acclimater au ciel sous lequel on va vivre.

Il nous reste à régler l'emploi de notre temps, et ce n'est pas sans de longues discussions que nous y parvenons ; chacun a sa région de prédilection dont il vante la beauté et l'intérêt... d'après les livres qui lui sont tombés sous la main, ou les récits qu'on lui en a faits. Enfin nous nous mettons d'accord sur l'ordre que voici.

Nous irons d'abord à Poona, petit *sanitarium* situé sur le plateau du Dekkan, à une nuit de chemin de fer de Bombay ; c'est la résidence du duc de Connaught, commandant en chef les troupes de la présidence de Bombay; il nous a très aimablement offert l'hospitalité. Nous en profiterons pour faire une tournée de huit jours sur le plateau, pénétrer dans le Nizam et visiter les célèbres caves, d'Ellora.

De là nous reviendrons à Bombay pour prendre la direction du nord-ouest et gagner Peschawar, ville qu'on dit fort curieuse, et terminus des chemins de fer aux Indes sur la frontière afghane; en route, nous nous arrêterons à Jeydpour, dans le Radjputana, à Agra, Delhi et Lahore. De Peschawar, nous redescendrons à Calcutta, traversant les Indes dans toute leur largeur: nous visiterons Amritsir, suivrons la vallée du Gange et verrons Bénarès, la ville sainte.

A Calcutta, nous pourrons enfin nous occuper de nos chasses.

Nous terminons nos derniers achats : les cartouches, les engins de pêche, les plaques photographiques, et surtout, ce qui est indispensable pour quiconque veut voyager aux Indes, le *bedding*. C'est un appareil qui se compose d'une ou de plusieurs couvertures rembourrées, pouvant au besoin servir de matelas, et d'un oreiller. On n'a qu'à le dérouler sur une planche en arrivant à l'auberge, ou à l'étendre sur une couchette en wagon, et voici un lit promptement formé, — un peu dur, il est vrai, mais après une journée de fatigue au grand soleil le souci du confort ne compte guère, et l'on se passe fort bien de ressorts.

Puis nous nous occupons d'engager des domestiques hindous, ce qui ne va ni sans discussion ni sans peine. Dans aucun pays, la division du travail n'est mieux observée qu'aux Indes : le serviteur qui cire vos bottines croirait déroger si vous lui demandiez de vous apporter de l'eau. Il est vrai qu'on se rattrape sur les gages, qui sont très faibles, — de dix à cinquante francs par mois au maximum. En outre le climat est si accablant qu'un domestique blanc ne pourrait y faire la moitié de l'ouvrage qu'il abat en Europe. Enfin, il est de nombreux usages de la contrée auxquels un nouveau venu n'est pas accoutumé. De toutes manières donc on n'a qu'à gagner à prendre des serviteurs indigènes.

Les offres sont nombreuses, mais le choix est difficile. Deux engagés nous quittent successivement en apprenant que nous comptons chasser le tigre et aller en Assam. Nous finissons par arrêter un petit hindou barbu, laid, craintif, et musulman de religion, qui répond au nom de Mahmoud. Il se donne beaucoup de peine, et n'a guère qu'un défaut, c'est de se griser abominablement dès qu'il a un sou; si nous parlons de le renvoyer, il fond en larmes et vient baiser nos pieds; comme ses congénères, il appartient à une race très servile.

A Poona, nous lui adjoindrons un collègue, un gros garçon, robuste, actif, intelligent, serviteur parfait qui a tous les mérites, même celui de parler admirablement l'anglais. Il s'appelle Ali et a suivi un capitaine dans une excursion en Assam. Il est plus civilisé que Mahmoud : au lieu de la robe de toile blanche dont celui-ci se contente, il porte des pantalons, — ce qui ne l'empêche pas d'avoir les deux oreilles ornées d'un grand anneau d'or où pendent une quantité de breloques. Il n'est pas inventif, mais il exécute avec la plus grande fidélité les ordres qu'on lui donne.

Nous laissons une bonne partie de nos bagages à Bombay où nous les retrouverons, nous expédions l'autre devant nous à Calcutta, et, le 2 décembre, nous partons pour Poona.

Là nous faisons connaissance avec les chemins de fer hindous, dont nous n'avons, du reste, pas trop à nous plaindre. Les wagons de première classe comprennent cinq couchettes : une transversale au fond occupant toute la largeur, et quatre longitudinales superposées deux par deux. Les voitures ont des abris-soleil en bois descendant jusqu'à moitié des vitres ; celles-ci sont en verre légèrement fumé, ce qui atténue la lumière. Dans le haut du wagon est disposé un système de courant d'air fort agréable le jour ; mais, n'étant pas avertis et nous trouvant fort légèrement vêtus, nous y avons cette nuit un froid glacial. Il est vrai que la ligne monte beaucoup en traversant la chaîne des Ghâts. On s'arrête à toutes les stations ; les employés sont obligés de pousser en quelque sorte à coups de bâton les indigènes qui ne se pressent jamais.

Nous sommes reçus avec la plus parfaite cordialité par le duc de Connaught qui occupe avec sa famille un charmant bungalaw au milieu d'un jardin délicieux. Nous y restons deux jours, et pouvons à notre aise nous rendre compte de l'aménagement des troupes.

On est tenté de s'étonner tout d'abord de l'immense espace qu'occupent les casernes ; mais il faut songer que chaque bâtiment, composé de deux étages, renferme en tout une soixantaine d'hommes. Dans de pareilles conditions on conçoit que les salles communes puissent être spacieuses et propres ; chaque soldat a un matelas à lui, une couverture, des serviettes.

Les bâtiments sont entourés d'arbres plantés à une certaine distance les uns des autres. En outre, il existe plusieurs rangées de cottages minuscules pour les hommes mariés. Les soldats ont une salle de lecture où ils reçoivent les journaux, un billard, une véranda sous laquelle ils peuvent jouer aux dames ou aux échecs. Même chose pour les sous-officiers, qui, en outre, ont des domestiques, un mess où ils mangent assez bien, servis dans des coupes en argent gagnées à des concours. En un mot, l'installation est admirable.

Quant aux officiers, grâce à la solde élevée que leur paye le gouvernement, et au bon marché de la vie aux Indes, ils ont plus que l'aisance, ils ont vraiment le luxe. Ainsi que me le disait l'un d'eux, tel lieutenant peut avoir ici une maison à lui avec jardin, plusieurs domestiques, trois ou quatre chevaux, de quoi chasser à tir et à courre, — qui vivrait gêné dans la société anglaise. Ils ont un mess fort riche, une très bonne cave, de superbes surtouts, et une excellente musique qui joue durant les repas. Il est vrai que tout cela peut passer pour une compensation de l'espèce d'exil auquel ils sont condamnés. Mais quand je songe aux conditions dans lesquelles nos malheureux pioupious passent des années en Algérie, au Sénégal, en Cochinchine ! Comme ils sont loin de ce bien-être et ignorants de ces douceurs !... Heureux quand on ne les envoie pas pourrir dans les marais du Tonkin, où ils n'ont pas même un abri !

Bah ! qui sait si chaque système n'a pas ses avantages comme ses inconvénients ? Messieurs les Anglais sont parfois bien empêtrés de leur confort, on l'a vu lors des expéditions d'Abyssinie et d'Égypte : peut-être trouve-raient-ils quelque désagrément à se mesurer avec nos troupes pauvres, mais dures.

Nous repartons le 5 pour Ellora. Cette fois, nous voyageons en *tongua*; c'est le seul véhicule usité dans ce pays. Imaginez une voiture, basse, à deux roues; sur le devant, une banquette pour le cocher et un voyageur; derrière, deux places dos à dos. La banquette est dure, le dossier court, la voiture non suspendue; en somme on est fort mal. Notre tongua est traînée par deux poneys attelés de deux manières à la fois, directement à la voiture, puis à une sorte de joug fixé à l'extrémité et des deux côtés du timon; ces poneys vont très vite.

Jusqu'à la frontière du Nizam, c'est-à-dire sur le territoire anglais, les routes sont bonnes, cela passe encore; au Nizam, elles sont détestables, et nous sommes horriblement secoués. Moi qui n'ai jamais voyagé dans les pays chauds, je souffre atrocement de la chaleur. Ajoutez-y la fièvre qui me tient depuis quelques jours et vous comprendrez que le début de la tournée modère un peu mon enthousiasme.

Nous couchons tous les soirs dans un de ces célèbres *dak-bungalaws* établis par les soins du gouvernement anglais dans toutes les Indes. C'est une espèce d'auberge à un étage, ou, pour mieux dire, c'est un toit épais supporté sur quatre cloisons qu'entoure une véranda. A l'intérieur, une planche sur quatre piquets tient lieu de lit. Un Hindou, préposé à la cuisine, sert l'éternel curry que pendant six mois nous trouverons à tous nos repas. Parfois, on peut trouver du soda et l'on se régale. Chaque voyageur a le droit de séjourner vingt-quatre heures, et, passé ce délai, doit céder sa place à tout nouvel arrivant.

Le pays est assez monotone. D'immenses étendues d'herbes rares brûlées, avec des dépressions et des monticules formés de laves; j'y trouve du quartz et même du quartz opalin, de l'agate.

A un jour d'Ellora, nous remarquons un curieux produit du travail volcanique dont le plateau du Dekkan a été le théâtre: c'est un monticule formé par voie d'érosion qui émerge de la plaine, entièrement isolé, comme le Mont-Saint-Michel sur la plage de Bretagne; mais celui-ci offre cette particularité qu'il repose sur un véritable cylindre de basalte à nu. Les murs se dressent à pic à une vingtaine de pieds du sol : l'effet est celui d'un cône placé sur un cylindre. Le mont est chargé de ruines, de vieilles murailles, de portes croulantes. On dirait d'un château fort élevé par la main de l'homme. Tout d'ailleurs me porte à croire qu'on s'en est servi jadis comme d'une forteresse.

En descendant le plateau, nous apercevons pour la première fois du gibier, des *black-buks*, antilopes des Indes, jolies bêtes aux grands yeux étonnés, à la poitrine noire et blanche, aux longues cornes en forme de tire-bouchon. Mais elles fuient sans se laisser approcher à portée.

En revanche nombre d'oiseaux nous regardent passer sans s'effaroucher : c'est le loriot noir et jaune (*Oriolus melanocephalus*), la perruche à collier rouge (*Palæornis torquatus*), les guêpiers aux couleurs changeantes, les veuves en deuil, avec leur longue queue fourchue, les merles roses (*Pastor roseus*), émigrants venus on ne sait d'où...

Nous arrivons enfin à Ellora, et nous nous arrêtons à un *bungalaw* établi dans une ancienne sépulture. Brisé de fatigue, souffrant de la fièvre, je m'empresse de me coucher tant bien que mal sur un lit formé d'une planche. Survient un *babou*, maire dans le Nizam. C'est un gros homme au teint jaune, la figure encadrée de cheveux noirs qui flottent en boucles sur ses épaules carrées; ses traits rudes, son costume noir, qui se compose d'une tunique serrée par une courroie et d'un jupon court, tout lui donne l'air d'un Tartare, descendant des farouches compagnons d'Attila, plutôt que d'un Hindou. D'une de ses grosses pattes, il me serre la main et demande qui je suis; en apprenant que j'appartiens à la Maison de France, il me demande si je ne suis pas le fils de Napoléon III, l'*emmpéror*; et il veut me prouver que la famille impériale et la mienne ne font qu'une. J'ai peine à lui expliquer que je veux me reposer.

Mon sommeil est d'ailleurs très léger; je suis sans cesse réveillé en sursaut par des salves de coups de fusil que répercutent les échos du tombeau qui me sert de demeure provisoire. On fête l'arrivée d'un autre babou, qui apparaît sur un éléphant richement caparaçonné, suivi de ses femmes.

Le lendemain, sur les instances de M. de Boissy, je visite les temples, appelés aussi « caves », qui n'ont à mes yeux qu'une curiosité géologique ; ils sont creusés à même dans une montagne de basalte plein. On a taillé dedans, découpé, creusé, sans rien détacher. Toutes les sculptures font ainsi partie intégrante du sol. Qu'on se figure une immense géode hérissée de stalactites et de cristaux, avec cette différence que cristaux et stalactites obéissent dans leur développement aux lois de la nature, tandis qu'ici, — je dois le dire, au risque de me faire honnir de tous les fanatiques de l'art hindou, — tout pêche contre les règles du vrai et du beau. Rien de moins intéressant que ces pierres grises irrégulières, percées de trous comme au hasard et couvertes de peintures sales d'un rouge à demi effacé. Çà et là de grandes statues avec de petites têtes, des dieux à gros ventre ou pourvus d'une vingtaine de bras et de mains chacun, des êtres difformes et grimaçants, qui semblent narguer aussi bien la logique que le spectateur. Tout au plus peut-on admirer le travail obstiné des hommes qui ont ainsi fouillé le basalte; mais c'est une œuvre bizarre et monstrueuse, à laquelle nous ne saurions rattacher aucun souvenir défini et qui n'éveille même pas, comme Mycènes, l'illusion de l'histoire vraie ou de la poésie éternelle. J'éprouve une impression étrange, mais désagréable, et suis heureux d'en sortir.

Nous prenons le chemin de fer à une trentaine de milles de là, et c'est avec plaisir que je reviens à Bombay retrouver un confort relatif; quelques jours de repos suffiront à me guérir de ma fièvre.

III

Nous repartons de Bombay le 24 décembre,
et cette fois définitivement. Nous prenons le
chemin de fer à Colaba qui est la gare du Nord
pour Jeydpour, franchissons la chaîne boisée
et pittoresque des monts Arvalis, passons près
des fameux temples de Mont-Abou, traversons
Ahmedabad, jolie ville aux maisons de bois
sculpté, enfin atteignons, le 26 au matin, Jeydpour, sans autre incident qu'un réveil au
milieu de la nuit, en pleine campagne, pour

changer de train à la lueur des torches. Le train qui nous avait précédés avait déraillé et la voie était encombrée. Nous pestons contre la mésaventure, mais notre humeur se dissipe, au matin, en débarquant dans Jeydpour.

Si nous ne sommes pas ici au centre des Indes, nous sommes tout au moins au cœur de la vie hindoue. Jeydpour, gouvernée par un rajah, est, en effet, une ville indépendante, j'entends dans la mesure où peut l'être un petit État enclavé dans les possessions anglaises; c'est-à-dire que le souverain qui y règne est maître absolu de toutes les choses insignifiantes, permissions de séjour et de chasse, police, impôts, choix des ministres, etc., et que pour les affaires graves, telles que les alliances ou la guerre, il se borne à prendre les ordres du résident anglais qui siège auprès de lui.

La ville est entourée de hautes murailles en grès rouge, couronnées de créneaux. Les maisons, basses et nues, n'offrent guère d'intérêt; mais les terrasses des temples, qu'entourent des balustrades de pierre finement découpées en dentelle et alternant avec des colonnettes et des arcs d'ogive, produisent le plus gracieux effet, et font rêver de l'Alhambra.

Nous arrivons à propos pour y jouir d'un spectacle tout à fait pittoresque, car la mère du rajah vient de mourir, et en son honneur il offre un repas à vingt mille personnes. Le peuple est accouru de toutes parts et se presse dans les rues pour cette fête. Les hommes sont superbes; ce sont de grands Radjpoutes aux traits réguliers, la poitrine large, les muscles développés. Ils relèvent leur barbe, en portant pendant des mois un bandeau autour du menton, — ce qui étonnait fort certain voyageur, tenté de croire que tout le monde avait mal aux dents à Jeydpour. Les femmes sont plus jolies qu'à Bombay. Elles portent une petite veste courte qui emprisonne les seins, et sont décolletées au-dessous jusqu'au nombril. Avec cela, des pantalons.

Nous rencontrons çà et là de curieux types : des fils de rajah se promenant sur un éléphant couvert de riches étoffes, que suivent des musiciens indigènes dont les instruments font rage; des *saïs*, courant, la canne d'argent à la main, devant une petite voiture à deux roues toute dorée, que surmonte un toit sculpté posé sur quatre colonnettes; deux bœufs traînent lentement ce véhicule qui renferme un grand prêtre, haut fonctionnaire de l'État, vieillard sale, gras, borgne, à demi couché parmi les coussins; trois cavaliers armés de pied en cap escortent l'équipage... Je songe au cortège d'un Mérovingien traversant les rues de Saint-Denis.

Des files de voitures apportent le repas; des feuilles d'arbres attachées ensemble figurent les plats, et des boulettes de viande sucrée composent tout le menu. Demain des agents de police, le chef orné d'un énorme turban jaune, tenant à la main un bâton vert et rouge aux couleurs du rajah, feront évacuer une des avenues et les convives viendront s'y accroupir.

Nous consacrons une journée à la visite d'Amber, « la Ville Morte », qui sert maintenant de cimetière à la famille du rajah. Elle n'est point ouverte aux touristes; il faut une permission spéciale pour y entrer. Ce mystère aiguise d'avance la curiosité qui ne fait que grandir à mesure qu'on approche. Le site est d'une horreur profonde qui ne laisse point deviner les merveilles d'art annoncées.

Au sortir de la forêt, on débouche au bord d'un lac, dont les eaux basses et sombres baignent des murs à demi écroulés où de hideux alligators viennent traîner leurs ventres dégoûtants, sans se soucier du passant qui trouble cette solitude déserte. Au delà se hérisse une jungle épaisse qui monte en cône jusqu'au plateau où apparaît le temple, abandonné et presque en ruines, mais couvert encore des plus précieux ornements d'émail et d'or. Nulle trace de violence ni de destruction : un lent affaissement, une dissolution, presque une consomption des pierres et des marbres, qui semblent mourir, comme s'ils avaient vécu.

L'impression est profonde, et l'on songe involontairement à ces châteaux enchantés des *Mille et une Nuits*, où toute vie s'est arrêtée par l'effet d'un mot magique.

De Jeydpour nous partons pour Agra où nous devons contempler une des « merveilles du monde, » le fameux Taj-Mehul, tombeau élevé par le rajah Shah Ihan à sa femme. C'est une sorte de temple surmonté d'une coupole énorme et de proportion parfaite, si blanche, si éclatante, qu'on ne peut la regarder fixement : elle émerge au centre d'un jardin merveilleux comme un joyau de prix au milieu d'un bouquet. Et sous ces précieuses mosaïques, sous ces dentelles de marbre, une dalle tout unie, couverte de fleurs sauvages, indique seule la place où repose la bégum tant aimée. Cette simplicité, ce respect de la mort, au milieu de ce faste impérial, me vont au cœur.

A chaque pas nous trouvons des traces de la magnificence des empereurs indiens, et aussi de leur sagesse, j'oserai dire de leur candeur d'âme. Ainsi, je suis charmé de la légende que me conte le derviche, descendant des grands Mogols, qui a la garde du palais à Fouteypour-Sikri. Elle est connue, je crois, mais j'aurais un vrai chagrin à la taire.

L'empereur Akber, voulant se préparer une résidence d'été, choisit cette colline, l'entoura de hautes murailles et construisit ces immenses châteaux de grès rouge, ornés de marbre blanc, dont nous voyons les restes.

2.

Des portails décorés de riches faïences s'éle-
vèrent en haut d'escaliers superbes qui des-
cendirent jusqu'à la plaine. Au sommet du
mont une citerne de quatre-vingt-dix pieds
de diamètre conserva les eaux. Au centre de
la cour il plaça le petit tombeau de Shekh
Salem Chishti, ciselé à jour dans la pierre, et
qui paraît encore aujourd'hui si léger, si aé-
rien, qu'on le croirait l'œuvre de quelque fée.
Tout autour courait le palais à colonnes, surmonté de kiosques élancés, qui servait de gy-
nécée. Sur la terrasse, l'échiquier de marbre,
ce fameux échiquier où les femmes tenaient
lieu de pions; chaque camp était placé sous
les ordres d'une maîtresse, et la gagnante
avait les honneurs de la couche impériale.

Lorsque ce Versailles de l'Orient fut achevé,
plus merveilleux qu'aucune imagination hu-
maine n'avait pu le concevoir, le grand
Akber songea à l'habiter. Mais voici qu'un
saint ermite, retiré depuis longues années sur
cette colline vint trouver l'empereur, un matin, et lui tint ce langage: « Je vis dans le
» calme et la retraite. Ton luxe, le bruit de
» tes fêtes me troubleraient. Nous ne pouvons

» rester tous les deux ici; l'un de nous doit
» se retirer, choisis! »

L'empereur céda, et, abandonnant sa résidence désormais inutile, reprit le chemin d'A-
gra.

Delhi, où nous nous rendons en quittant
Agra, peut être fière, elle aussi, de ses monuments. Je me bornerai à citer la Djemma
Mosq, la mosquée perle, un pur chef-d'œuvre,
et le palais impérial couvert de mosaïques en
pierres précieuses, où je retrouve l'emplacement du célèbre trône des paons, estimé
six millions par Tavernier.

La campagne est couverte de ruines; Delhi,
point stratégique important, a toujours été
le champ de bataille des luttes qui ont ensan-
glanté le Pendjab. On l'a rebâtie sept fois
sur des emplacements différents.

La physionomie de Lahore est toute différente de celle d'Agra et de Delhi. Ses hauts
remparts gris, ses portes massives, ses rues
étroites que surplombent des balcons de bois
peint, lui donnent un air moyen âge qui nous
frappe. L'illusion s'évanouit bientôt lorsque
nous nous trouvons en présence de la grande

mosquée ornée d'admirables panneaux de faïence représentant des gerbes de fleurs. L'originalité du dessin et surtout l'éclat de la couleur nous rappellent que nous n'avons pas quitté l'Orient.

Quant au palais, messieurs les Anglais ont pris malheureusement à tâche de lui enlever tout le bénéfice de son antiquité. Chacun sait que le temps ternit et échauffe les ors, dore les marbres, adoucit les bleus, et, en général, fond et marie les teintes vives. Ici on remet tout à neuf, ce qui rend l'ensemble criard et aveuglant.

Au moins n'est-ce pas la couleur locale qui manque à notre vie présente. Nous nous promenons majestueusement dans un superbe carrosse de gala mis à notre disposition par le plus aimable des gouverneurs. Quatre chameaux traînent cet équipage d'un trot lent et cadencé. Chacun est caparaçonné d'une peau de panthère et porte un cavalier Sick accroupi sur son dos.

M. de Boissy préférerait un peu moins d'apparat et un peu plus de rapidité.

Enfin, le 6 janvier, nous prenons le train

pour Peschawar. Il fait très froid, et comme on ne connaît ici ni les cheminées ni les boules d'eau chaude, nous sommes obligés d'acheter des couvertures de renfort.

Le trajet est intéressant. La tristesse et l'horreur du pays que nous traversons contrastent étrangement avec la monotonie de la campagne que les Indes nous ont montrée jusqu'ici. Du haut du wagon nous apercevons des traces des plus curieux phénomènes géologiques : le terrain, d'argile durcie et sans aucune trace de végétation, est crevassé, déchiqueté à pic, et forme des ravins, des cavités et des terrasses surmontées de ces piliers naturels qu'on appelle des « témoins ». Ailleurs, les restes abandonnés et misérables de villages taillés dans la marne, murs délabrés, cheminées écroulées, tout contribue à augmenter la désolation...

Cependant nous avançons, et peu à peu le paysage change d'aspect : les ravins s'élargissent pour donner passage à des torrents bruyants; les terrasses naturelles se referment et emprisonnent de petits lacs qui s'en échappent en cascades.

Au loin apparaissent les blanches cimes des monts de Cachemire, l'Himalaya et ses neiges éternelles que nul n'a franchies, et qu'on ne peut regarder sans un frisson involontaire.

Mais cette vision grandiose est de courte durée. Il semble qu'une main invisible ait levé un rideau et l'ait fait brusquement retomber pour ne laisser que des regrets au spectateur.

Le soleil couchant, un pâle soleil d'hiver, rougit de ses rayons mourants la neige des hauts pics, puis disparaît, et, avec lui, la grande chaîne un instant entrevue; nous retombons dans une obscurité profonde contre laquelle lutte en vain la mauvaise lanterne de notre compartiment.

IV

Nous arrivons le 9 au matin à Peschawar, dernière possession anglaise dans le *Far West* des Indes. La ville s'étend sur une petite plaine au fond d'un demi-entonnoir que forment les derniers rameaux des monts Sefid Kuh. Le climat est continental, c'est-à-dire brûlant en été, glacial en hiver, tolérable à peine pendant deux mois de printemps. De plus les vents s'y engouffrent et y tourbillonnent avec furie.

Ce qui fait l'importance de Peschawar, c'est sa position : placée aux portes de l'Afghanistan, à cinq milles de la fameuse passe de Khayber, elle barre le chemin à toute invasion continentale des Indes. C'est la sentinelle avancée qui défend l'Indus et surveille l'Asie centrale, prête à crier : « Qui vive? » au moindre mouvement des Russes.

Comme la plupart des grandes villes hindoues, Peschawar comprend deux parties bien distinctes : les cantonnements anglais et la cité indigène, séparés entre eux par l'espace de deux milles. Dans les premiers, j'admire une fois de plus, je ne dirai pas le génie colonial, — ce n'est pas le cas, — mais le génie de l'installation, qui caractérise l'Angleterre. Les soldats habitent dans de véritables palais, et les officiers dans des bungalaws séparés et entourés de magnifiques jardins. La réunion de ces villas donne l'illusion d'une promenade de plaisance, — Hyde Park, ou bois de Boulogne; les avenues larges et plantées d'arbres élevés se coupent à angle droit; et, le soir, lorsque les *bamboukas* et les cavaliers se pressent dans le Mail, on oublierait facilement qu'on est à

cent quatre-vingt-dix milles de Caboul, pour
se reporter à Rottenrow.

Les compléments indispensables de toute
prise de possession anglaise se retrouvent là
comme ailleurs : le club, la bibliothèque, le
cricket, le tennis, le polo ; aucune des distractions réglementaires de l'Anglo-Saxon n'y
manque.

Nous-mêmes nous logeons dans les cantonnements, chez le colonel Waterfield, député-
cɔmmissaire, c'est-à-dire commandant trois districts frontières. C'est un petit homme d'une
soixantaine d'années, aux traits vifs et énergi-
ques. La position qu'il occupe est de fait, sinon
de droit, une des premières des Indes. Il est
bien sous les ordres du gouverneur du Pendjab,
sir F. Lyart, mais si loin de son chef qu'il
jouit en réalité d'un pouvoir discrétionnaire
pour parer aux incidents qui peuvent surgir. Il
s'est mis fort aimablement à notre disposition,
et je me promets avec son concours de visiter
la ville indigène dans ses moindres recoins.

Peschawar était autrefois une ville sainte, un
des centres principaux du bouddhisme ; prise
et saccagée à maintes reprises, elle a changé

de maîtres et en même temps de religion : elle est devenue mahométane, et l'est restée. Ses docteurs passaient jadis pour savants, et elle fut un moment l'Université de l'Asie centrale.

Elle n'est plus maintenant que le grand marché commercial d'une immense région, la Nijni-Novgorod du Sud ; les soies de Boukhara y affluent, avec les *ghamas* à deux tranches de Caboul, le *patchima* des montagnes, les tapis des Afridis. Les caravanes viennent s'y décharger, et les commerçants y dépenser leur argent. Restaurants, théâtres, courtisanes, rien n'y manque ; c'est vraiment, selon le mot de M. de Hübner, « le Paris de l'Asie », ou, si l'on veut me permettre une expression triviale, la ville où l'Asie « fait la fête ».

Bien que géographiquement située dans les Indes, Peschawar n'en fait en réalité plus partie : ses rues, ses boutiques, ses bazars présentent au dire des voyageurs le même aspect que les foires de l'Asie centrale.

Les habitants sont de race afghane, aryens et non sémites malgré l'apparence ; ils parlent le dialecte pushtu, voisin du sanscrit, mais comprennent le persan, et c'est dans cette langue qu'ils communiquent d'ordinaire avec les officiers anglais. Mais tandis que les Persans sont mahométans *schiites*, les Afghans sont *sunnites*, deux sectes se détestant plus entre elles que ne font les chrétiens et les musulmans.

Les Afghans sont de beaux soldats, ils aiment la poudre, mais ils ont horreur de la discipline; aussi est-il difficile d'en faire des troupes régulières. Ils ne reconnaissent que trois droits sociaux, qui d'ailleurs leur sont sacrés: le droit d'asile; la vengeance; l'hospitalité.

Le sabre est pour eux la seule justice. Le meurtre et le vol ne sont pas des crimes, au contraire; on dit au petit enfant qui vient de naître : — *Ghal-rai* (Sois bon larron). C'est son seul baptême.

En dehors de l'amour du pillage, tout concourt à les rendre féroces et sanguinaires : d'abord ils sont musulmans, et par conséquent fanatiques, pleins de haine pour tout sectaire d'une autre religion; ensuite la vengeance est dans leurs mœurs et prend chez eux la forme de la *vendetta* corse; enfin ils ont la passion des armes, non pas seulement pour leur défense, mais pour l'amour de l'art, par goût de collectionneur; et comme, dans cette contrée, personne ne sort sans un fusil ou un coutelas, ils succombent souvent à la tentation de s'en emparer par force.

En somme, pour un motif ou un autre, ce sont d'incorrigibles meurtriers : la statistique que me montre le colonel Waterfield est là pour le prouver.

Pour gouverner ces populations turbulentes, on les a divisées autant que possible et on leur a opposé quatre forces séparées.

1º Les troupes régulières : six régiments et une batterie, comprenant deux régiments européens, et quatre de natifs (un de cavalerie et trois d'infanterie). Ces derniers sont formés de Sicks et d'Afghans séparés par compagnies dans chaque régiment. On a partout cherché à opposer les races aux races, de crainte que le mélange ne donnât lieu à une union dangereuse.

2º La police, organisée ici comme un régiment.

3º La ceinture militaire, formée des troupes qui gardent la frontière.

4º Les Afridis engagés, sur le compte desquels nous nous expliquerons plus loin.

Rien de commun entre ces quatre éléments,

que le commandement qui est exclusivement anglais. L'entente est donc impossible pour un soulèvement général.

Le district, je l'ai dit, est administré par un député-commissaire. Trois districts, Hazara, Peschawar, Kahat, forment une division, sous les ordres du colonel Waterfield, subordonné lui-même au gouverneur du Pendjab. Sa fonction est civile, et c'est pour cela que, simple colonel, il est placé au-dessus du général qui se trouve à Peschawar. D'ailleurs cette anomalie se rencontre assez fréquemment dans l'armée anglaise où les grades sont mal définis, et où l'on trouve des capitaines ayant le titre de colonel.

M. Waterfield est ici tout-puissant. C'est à lui qu'on en appelle pour toutes les affaires graves, même au criminel.

Il est obligé de montrer la plus grande sévérité pour les meurtres commis sur territoire anglais. Mais la plupart du temps les meurtriers n'en échappent pas moins, en se réfugiant dans les villages frontières ; ceux-ci sont gouvernés par des chefs, sorte de cheiks, qui, bien que vivant en bons termes avec les

Anglais, refusent de livrer le coupable et s'en font gloire : c'est la loi de l'hospitalité. Ces villages sont ainsi remplis d'*outlaws* fort dangereux pour les voyageurs.

Au reste on n'arrête pas davantage ceux qui ne parviennent pas à s'échapper : comme ils ne laisseraient pas porter la main sur eux sans se défendre, on les tue. Enfin, si on les saisit par hasard, on ne les fait pas languir. Dernièrement un Afghan avait assassiné un sergent, par vengeance, dans les cantonnements mêmes : une heure après, il était pris ; deux heures après, pendu.

Malgré ces répressions qui servent d'exemples, il est défendu aux officiers de s'éloigner, dans certaine direction, à plus de cinq ou six milles de Peschawar. Ce n'est pas qu'on craigne pour leur vie, mais on veut éviter tout incident qui obligerait le gouvernement anglais à intervenir là où il veut laisser le *statu quo*. Il a eu assez de difficultés à établir un régime d'entente dans les défilés du Khayber pour vouloir s'aventurer au delà.

C'est par le Khayber que passe la route continentale vers les Indes. Cette longue gorge, traversée par la rivière de Caboul, s'étend entre Djemrood du côté anglais, et Jellalabad du côté afghan, et sert de route aux marchands de Caboul et de Boukhara. Tous les conquérants du Nord sont descendus dans les Indes par les rochers du Khayber, et, dans ces Thermopyles asiatiques, des armées ont été arrêtées par des poignées d'hommes. Une première fois les Anglais firent comme les Perses : ils raillèrent les Léonidas afghans (c'était en 1842), et ils payèrent de leur sang cette témérité. Ils tinrent compte de l'avertissement, et se résignèrent, en 1879, à payer la neutralité du Khayber.

Mais ce n'était pas assez. Tout en respectant les Anglais, les montagnards continuaient de piller les riches caravanes qui traversaient la passe, ce qui rendait impossible le commerce de l'Asie centrale avec l'Inde anglaise. Comment faire? Poursuivre les pillards était difficile, coûteux et inutile. Les Anglais eurent un trait de génie : s'inspirant de la politique romaine, ils chargèrent les barbares de défendre la frontière contre les barbares eux-mêmes.

Les montagnes qui entourent la passe sont habitées par les Afridis ou Apridis, peuplade afghane, dont le nom est tiré, suivant certains auteurs, du mot *afrith* démon, ce qui peut donner une idée de leurs instincts.

Ne les calomnions pas pourtant : brigands, mais non féroces ; ce n'est pas chez eux qu'Edmond About aurait trouvé son Roi des montagnes. Ils habitent par tribus, c'est-à-dire par familles, de petits forts perchés, on ne sait comment, sur des rochers inaccessibles. Ils ne reconnaissent d'autre supérieur que le chef de leur propre famille et sont toujours en guerre d'un fort à l'autre. Les Anglais n'ont garde de se mêler à leurs querelles intestines, qu'ils voient d'un fort bon œil comme un moyen d'affaiblissement. D'ailleurs les juges de la reine seraient peut-être parfois embarrassés de leur logique sauvage : un d'entre eux, un capitaine, qui se vantait devant moi d'avoir tué ses deux frères, prévenait ainsi mes objections : « Que voulez-» vous ? si je ne les avais pas tués, c'est » eux qui m'auraient tué ; ils me l'avaient » annoncé : j'ai pris l'avance. »

En dehors des subsides anglais, ils n'ont guère pour ressources que de vendre du bois, des roseaux, de tresser des paniers, d'élever des chèvres ; encore ces travaux sont-ils réservés uniquement aux femmes. Les hommes passent leur temps à se battre et à se défendre les uns contre les autres.

Les Anglais ont procédé avec infiniment d'adresse ; ils ont commencé par déclarer la passe du Khayber indépendante, et ont convoqué les chefs dé famille Afridis en une *djirga* ou diète, pour conférer avec eux des moyens de rendre la sécurité au pays. Après de nombreux pourparlers, des menaces et des promesses, ils ont établi l'arrangement que voici : la passe est toujours ouverte, mais le gouvernement anglais n'en garantit la liberté que deux jours par semaine, les mardis et vendredis ; ce sont ces jours-là que choisissent les caravanes pour arriver à Peschawar ou en repartir.

Les Afridis, au nombre de huit cents, formant un corps de *djezailchir* (de *djezail* ou *gazil*, fusil), commandé par un *madik*, sont alors responsables de la sûreté des défilés. Ils

espacent leurs sentinelles et les placent par
groupes de deux ou trois jusque sur le sommet des montagnes, pour veiller à ce qu'il
n'advienne rien de fâcheux aux marchands et
à leurs convois. Quel que soit le trafic, le
gouvernement leur assure un traitement fixe
d'un peu plus de quatre roupies par mois et
par homme, ce qui fait environ quatre-vingt
mille francs par an, pour tout le corps. Ils
sont payés au fort anglais de Jamrud, situé
à l'entrée de la passe. On ne leur fournit
pas les armes, c'est à eux de s'en procurer
de convenables. Pour les y forcer, on les
a d'abord payés selon la qualité de leurs
carabines. Ils ont maintenant presque tous
des Martiny Henry, dont ils ont volé la plupart.

En échange de la sécurité qu'ils ont obte-
nue pour le Khayber, les Anglais, toujours
pratiques, ont mis un impôt sur les caravanes ; celles-ci s'arrêtent également au fort
de Jamrud et payent un droit... qui revient
aux Afridis : c'est toujours le système de la
rançon. Mais depuis sept ans qu'il dure,
l'arrangement a contenté tout le monde, et

il faut bien avouer qu'il constitue un progrès sérieux sur l'ancien état de choses.

Nous restons trois jours à Peschawar; c'est peu, mais les lettres que nous recevons de Calcutta nous donnent de bons renseignements au sujet des chasses dont l'idée ne nous a pas un instant quittés, et nous ne voudrions, pour rien au monde, en retarder l'ouverture.

Sauf une visite à Djemrood et au Khayber, nous passons notre temps à nous promener dans la ville indigène. Je ne connais rien de plus amusant, lorsqu'on arrive dans un endroit nouveau, que de flâner, en regardant tout, touchant à tout, avant de rien lire sur ce qu'on voit. C'est ainsi qu'on observe d'une façon vraiment sincère et personnelle, qu'on recueille des impressions vives, qu'on se forme des opinions non préconçues. Et certainement, Peschawar est, avec Shanghaï, la ville la plus curieuse, la plus originale que j'aie jamais vue.

Tout y est imprévu, amusant, pittoresque : ici ce sont les fauconniers des grands chefs qui se promènent gravement, portant jusqu'à trois oiseaux sur leurs épaules; là, sur un petit cheval gris, un vieillard galope enveloppé dans une longue houppelande verte; sa selle est placée sur une large couverture, ses étriers sont immenses, comme ceux des cheiks arabes; la tête du cheval est chargée d'ornements bizarres : c'est le maître de poste de l'émir de Caboul. Ailleurs, ce sont des montagnards portant le *patchinia*, peau de mouton retournée et ornée de broderies; des élégants dont la tête disparaît presque sous un gigantesque turban, au centre duquel émerge le petit bonnet doré qui vient de Perse.

Les animaux eux-mêmes ont un caractère particulier, à Peschawar : dans une ruelle trottinent des moutons à grosses fesses que je vois pour la première fois : ils viennent du Turkestan; et ce n'est plus le maigre chameau décharné d'Égypte qui forme ici les caravanes, c'est un animal superbe aux bosses opulentes, qui prend des airs de majesté avec sa profonde fourrure et sa crinière brune.

Il n'est pas jusqu'aux Anglais, si peu soucieux pourtant de couleur locale et d'esthétique, qui ne trouvent le moyen de me rappeler que je ne suis pas dans un pays ordinaire,

en sonnant le départ du train au moyen d'un
fer à cheval que l'agent heurte contre un morceau de rail suspendu devant la gare.

Il est vrai que c'est là de l'esthétique bien
moderne.

V

Nous revenons maintenant sur nos pas et refaisons de jour le trajet que nous avions déjà parcouru la nuit.

Toujours des terrains déchiquetés et brûlés, des solitudes désolées. Puis, tout à coup, la montagne d'argile s'entr'ouvre et la vue plonge brusquement sur une vaste nappe liquide : c'est l'Indus. Quel nom et quel souvenir ! Le fleuve coule puissant et tranquille comme aux jours où il reflétait la gloire d'Alexandre. Les souvenirs viennent ainsi grandir la majesté du paysage qui ajoute, elle aussi, à notre émotion. Il ne faut rien moins qu'une telle nature pour servir de cadre à une telle histoire.

A Attock, où nous le traversons, l'Indus est resserré en une gorge étroite. On est en train de fortifier la tête du pont qui se trouve d'ailleurs mieux protégée par le camp de Raul Findi que par n'importe quels murs. C'est, avec le fort de Jamrud ou Djemrood, le seul ouvrage exécuté par les Anglais sur la frontière nord-ouest ; il est vrai que les défenses naturelles y sont suffisantes. L'empereur Akber avait raison lorsqu'il répondait au prince héritier qui lui reprochait de ne pas avoir fortifié Agra : « Mon fils, le fossé d'Agra est l'Indus. »

Nous rentrons le 11 janvier à Lahore que nous quittons le 13, pour passer une journée à Amritsir.

Amritsir, Umritsur, Umritsr, — il n'y a pas d'orthographe aux Indes, — offre cet intérêt particulier qu'elle est la capitale et le sanctuaire des Sicks, aussi sacrée pour eux que La Mecque pour les musulmans. L'étranger qui veut visiter le célèbre temple d'Or doit se déchausser par marque de respect, fût-il le gouverneur du Pendjab ou le prince de Galles lui-même. Les Sicks n'appartiennent pas à la race des petits Hindous de Bombay ou des Bengalis de Calcutta, qu'on bouscule à plaisir; ce sont des gens courageux et fiers qui n'aiment pas à être heurtés dans leurs croyances ou dans leurs préjugés.

La ville diffère peu des cités hindoues que nous avons visitées. L'attrait en est le temple d'Or. Ce curieux édifice, placé au milieu d'un lac rectangulaire, où il semble flotter comme un lotus gigantesque, se relie au rivage par une chaussée ornée de colonnes qui portent des lanternes dorées; les murs sont de marbre blanc à la base; le sommet est entouré d'une couronne de globes également dorés, au centre de laquelle s'élèvent trois coupoles étincelantes.

Ainsi présenté, isolément, le temple d'Or ne paraît guère mériter sa célébrité. Un peu trop de richesse, voilà tout ce qui le distingue. C'est le cadre qui en fait une merveille. Tout y est si heureusement approprié et disposé en vue de l'effet pittoresque, depuis l'eau sombre qui baigne les bords jusqu'aux dalles grises où elle vient s'arrêter et aux Indous qui se plongent avec respect dans le lac sacré, que chaque détail concourt à la beauté, à l'étrangeté du paysage. Comme à l'entrée du jardin du Taj, on croit rêver.

Mais nous revenons à la réalité lorsque nous pénétrons à l'intérieur du temple, qu'emplit le son des guitares et des clochettes. Dans une salle chargée de peintures, de dorures et d'ornements bizarres, trois prêtres, indolemment accroupis, exploitent la sottise populaire, en offrant aux fidèles, moyennant rétribution, des fleurs qui ont touché au livre sacré. Le tableau est assez curieux, mais peu flatteur pour l'humanité, et nous nous hâtons de sortir.

Nous assistons à une partie de cerf-volant fort intéressante. Ici ce jeu prend l'importance d'un sport. Des gens placés sur des terrasses lancent leur engin à deux et trois cent mètres; chacun cherche à couper le fil du voisin; il y a, paraît-il, un procédé technique pour croiser les fils en l'air et couper l'un d'eux en tirant l'autre brusquement. Mais cela demande une grande habileté. Les Indes comptent de nombreux professeurs de cerfs-volants, comme l'Angleterre des maîtres de tennis, et la France, de billard.

Nous répartons le soir même et traversons de nouveau Delhi. Nous nous y arrêtons pour faire des études de chorégraphie comparée. Les *Natdis girls*, ou bayadères, y sont très réputées. Le maître du bungalaw, qui exerce divers métiers, nous met en présence de deux demoiselles fort laides et peu vêtues qui commencent aussitôt à se trémousser. Je dois avouer qu'un quart d'heure de ce spectacle me suffit. Les danseuses se dandinent sur place, en accompagnant leur balancement de chants nasillards. Les paroles peuvent être empreintes d'une poésie élevée, et les gestes éloquents; par malheur je ne suis pas initié à ce langage. Seuls, les musiciens m'amusent par la conviction qu'ils apportent dans l'exercice de leur profession.

Le 18, nous atteignons Bénarès où nous séjournons trois jours et où il faudrait passer trois mois. Nous n'avons pas affaire ici à une ville ordinaire; Bénarès est la ville sainte par excellence, le centre de la religion des brahmes, la cité où tout est temple, tout est dieu, tout est prière.

Que de merveilles à citer! Le temple de Bourga, petite pagode entourée de piliers de grès rouge et dominant une piscine profonde; à certains cris du prêtre, accourt une foule de singes, gambadant sur le toit, se suspendant aux chapiteaux et glissant le long des colonnes ; on est vite assailli par des légions de ces quadrumanes affamés qu'il faut nourrir de victuailles achetées au prêtre.

Plus loin, le temple des vaches sacrées. On y pénètre par un dédale d'escaliers, vrai labyrinthe où l'on se perdrait infailliblement sans guide, et là encore le visiteur doit pourvoir aux besoins des vaches blanches auxquelles l'édifice sert d'étable.

Dans tous les angles des rues, de petits sanctuaires et des niches : ici le dieu Ganach benoîtement assis, la trompe recourbée, les pattes croisées; là un énorme *lingam*, symbole de la fécondité; ailleurs, le taureau rouge, emblème de la force.

Mais le spectacle vraiment majestueux n'est pas dans la ville; pour bien comprendre la

grandeur de Bénarès, il faut prendre une
barque, et, le matin, au moment des ablu-
tions, se laisser aller au courant du fleuve
sacré.

Un gigantesque panorama se déroule devant
les yeux; au loin les hauts minarets de la
nouvelle mosquée; les pyramides qui surmon-
tent les temples; plus près, d'innombrables
palais dont les murailles viennent plonger à
pic dans le fleuve, car tout rajah puissant a
une demeure à Bénarès. Entre ces habitations
somptueuses, de vastes escaliers, appelés *ghâts*,
descendent jusqu'au Gange, où ils semblent
déverser la foule des croyants qui s'y pressent.
C'est un va-et-vient continuel, une vision féerique empourprée par le soleil levant, qui
monte dans sa gloire de l'autre côté du
fleuve.

L'ensemble est merveilleux, mais arrêtons-
nous au détail et notre admiration ne fera
que croître.

Voici un gros brahmine accroupi sous une
immense ombrelle faite de feuilles de palmiers tressées, ce qui le fait ressembler à un
champignon; il retourne entre ses doigts son

unique vêtement qui est une ficelle en écharpe, insigne de sa caste.

Puis une troupe de jeunes filles qui éclatent de rire en nous voyant, et plongent dans l'eau sacrée pour changer de linge sans qu'on s'en aperçoive.

Plus haut, un fakir célèbre, le visage décharné, peint en blanc, qui étend ses os sur un lit de clous et semble défier la douleur.

Un autre s'agite au sommet d'un échafaudage en bambous, où il se tient depuis cinq ans. Il attend qu'on lui jette quelque aliment, et demande à grands cris qu'on retire les cadavres qu'il voit à ses pieds.

Sous lui, en effet, un bûcher est allumé et on y brûle les corps qu'on vient de retirer de l'onde sacrée, pour donner ensuite les os à demi calcinés aux chiens. Encore s'agit-il d'un mort de marque. Quant aux Hindous morts sans laisser de quoi payer leur bûcher, ils sont enveloppés dans une toile jaune, fixés sur une planchette, et jetés au courant du fleuve qui les emporte.

Je détourne les yeux, écœuré de ce spectacle, et, au coude du Gange, aperçois l'immense pont de fer que nous avons franchi la veille ; à ma gauche, sur la berge, une grande inscription anglaise annonce aux habitants de Bénarès-la-Sainte qu'en l'honneur du jubilé de la reine d'Angleterre, impératrice des Indes, le gouvernement anglais restaurera les *ghâts*, éboulés en certains endroits. Ce contraste suffit à me tirer de mon rêve.

Le 20 janvier, nous sommes à Calcutta. Voilà cinquante jours que nous traversons des villes et des palais. C'est la jungle maintenant qui nous attend. Nous avons assez donné à l'histoire et à l'art ; le tour de la chasse est venu — et les tigres n'ont qu'à se bien tenir !

LA CHASSE AUX SUNDARBANDS

I

Arrivée à Calcutta. — Lord Dufferin. — Le marquis et la marquise de Morès. — Projet d'expédition aux Sundarbands. — Les Sundarbands. — Périls à courir. — M. Meades. — Nos bateaux. — Notre installation. — Construction d'un cabinet photographique. — L'armement.

Calcutta est la ville européenne par excellence de la péninsule : peu de monuments, de larges avenues bordées d'entrepôts, de docks, de grands magasins de toutes sortes. On y chercherait en vain des types originaux et de la couleur locale. Peut-être, d'ailleurs, commençons-nous, après deux mois de voyage, à ressentir les effets de notre accoutumance à la vie indienne : l'étonnement qui nous saisissait à chaque pas, en arrivant à Bombay, s'est peu à peu émoussé, et Calcutta n'est pas pour nous le rendre. Après trois semaines, j'en suis encore à me demander où est cette fameuse « Ville des Palais » dont parlent avec admiration certains voyageurs. C'est ma faute, sans doute : il y a toujours au moins deux manières d'envisager la même chose; j'aurai pris la mauvaise.

L'accueil le plus cordial nous est fait par lord Dufferin. Le vice-roi des Indes commande à deux cents millions d'hommes, ce qui n'est pas une sinécure. C'est d'ailleurs la plus haute situation que puisse rêver un fonctionnaire du Royaume-Uni. Diplomate de premier ordre, homme privé du commerce le plus distingué, esprit fin et sûr, lord Dufferin a eu une carrière exceptionnelle comme son mérite. Commissaire en Syrie, ambassadeur à Constantinople, envoyé extraordinaire au Caire, à travers les difficultés incessantes que faisait naître la question d'Orient, il n'a pas peu contribué à assurer à son pays la prépondérance qu'il y a prise. Et l'Angleterre sait reconnaître le mérite de ses serviteurs et récompenser leurs services.

Nous retrouvons à Government-Home le marquis et la marquise de Morès, avec qui nous avons fait la traversée de Suez à Bombay. M. de Morès a été officier dans l'armée française, et a donné sa démission pour s'occuper de travaux de colonisation en Amérique. Il vient de passer cinq ans dans les montagnes Rocheuses, élevant des troupeaux, établissant des abattoirs, fondant une ville. Il a dû lutter sans trêve contre les Indiens, et aussi contre les émigrants blancs qui se recrutent trop souvent parmi les gens sans conscience ni principes; et il s'est défendu avec une indomptable énergie. Un jour il a mis en fuite, avec deux compagnons, tout une troupe de voleurs de chevaux, et s'est vu, pour ce fait, remercier officiellement par la délégation de l'Utah. Dans toutes ces épreuves, il a été secondé par sa vaillante femme qui ne craint pas de coucher sous la tente, ni même de passer sa nuit dans la neige à l'affût.

M. et madame de Morès viennent aux Indes pour se reposer pendant quelque temps de la vie si dure à laquelle ils se sont accoutumés, et pour inscrire sur leur livre de chasse quelques tigres en regard des ours grizzlis qui le remplissent. Nous devons trouver en eux des compagnons de chasse résolus, insensibles à la fatigue et ayant surtout l'expérience qui nous manque de la vie des camps et de la chasse au gros gibier.

Mon oncle, le comte de Paris, a bien voulu prévenir lord Dufferin de notre arrivée aux Indes. Aussi ai-je reçu une lettre du vice-roi, ainsi que je l'ai dit, à notre débarquement à Bombay; voici ce qu'elle contient au sujet de nos projets :

« Votre Altesse Royale peut compter sur
» moi pour faire tout ce qui est en mon pou-
» voir, afin de rendre votre visite agréable
» et de vous fournir les moyens d'avoir de la
» chasse. Cela devient pourtant malheureuse-
» ment de jour en jour une matière plus
» difficile; en effet, toutes les grandes chasses
» sont organisées par des princes indépen-
» dants, et il vient tant de monde aux Indes
» maintenant, que les chasses aux tigres sont
» arrangées beaucoup sur les mêmes principes
» que les *shooting parties* en Angleterre.
» Quoi qu'il en soit, Votre Altesse Royale

» peut compter sur moi pour faire de mon
» mieux. »

Cette première lettre ne semble guère encourager nos espérances, et je ne serais pas sincère si je n'avouais qu'elle nous laisse un peu désillusionnés. Nous n'abandonnons pourtant pas notre dessein et écrivons à lord Dufferin pour lui demander s'il peut nous obtenir une permission pour chasser en territoire népaulais. C'est de l'avis de tous le meilleur terrain de chasse, en raison même des difficultés qui en éloignent les sportsmen. Malheureusement il y a en ce moment des troubles au Népaul, et nous craignons un refus. Enfin, après un assez long échange de correspondances, le vice-roi nous annonce que l'affaire est arrangée : nous aurons notre permission pour le Népaul ; le rajah nous prêtera des éléphants, et lord Dufferin nous indique les moyens d'organiser l'expédition.

Mais, tant à cause de ces préparatifs mêmes qui seront longs, qu'en raison de la trop grande hauteur des herbes, dans la saison présente, nous serons obligés de reculer notre départ au commencement de mars. Nous avons donc un mois de libre devant nous : qu'en faire ?

Nous commencions à y rêver, lorsque le 22 janvier, comme nous passions le dimanche anglais à Barrakpam, — c'est la maison de campagne du vice-roi, — causant de chasse, comme toujours, M. de Morès me dit tout à coup : « Savez-vous qu'il y a beaucoup de gi- » bier aux Sundarbands ? j'y passerais volon- » tiers quelques semaines... » — C'est un trait de lumière. « Nous aussi », crions-nous ; et voilà qui est fait : notre mois a son emploi, nous allons chasser aux Sundarbands.

Ce nom désigne la région qui s'étend entre Calcutta et la mer, c'est-à-dire le delta de l'Hougly. C'est un immense territoire, coupé d'innombrables canaux. Les îles sont cou- vertes d'une jungle épaisse. Une bonne partie même en est inconnue ; la crainte des fièvres éloigne les visiteurs autant que l'ignorance des routes. Dans cet inextricable réseau de ca- naux, on cite des Anglais qui sont restés, un mois entier, égarés, malades, et à la recherche desquels il a fallu envoyer de véritables expé- ditions.

Enfin une dernière raison contribue à en écarter le chasseur : c'est le danger qu'y présentent les battues. Les tigres foisonnent dans la jungle, et l'on ne peut les chasser qu'à pied. Or ceux qui se risquent à attaquer le tigre face à face ne sont pas nombreux, et la statistique des accidents de chasse dans la péninsule, où les Sundarbands tiennent le premier rang, n'est pas pour encourager les autres.

Mais ce mystère même, ces périls, ce besoin d'initiative personnelle, tout cela nous attire. On a beau vouloir nous décourager en nous faisant un effrayant tableau de la vie qui nous attend, nous avons réponse à tout : la fièvre ? nous prendrons de la quinine ! les tigres ? c'est eux précisément que nous cherchons !

Sur-le-champ nous organisons notre petite expédition, qui comprendra M. de Morès, M. de Boissy et moi, sans oublier le fidèle Charles escorté de deux Hindous. Madame de Morès restera à Calcutta : elle préfère être sûre de pouvoir prendre part à l'expédition du Népaul.

Nous avons la bonne fortune d'être mis en

rapport avec un vieil Anglais, capitaine dans les volontaires, et employé dans une banque, ce qui n'est pas incompatible ici. M. Meades est, je crois, le seul Anglais qui ait vraiment chassé aux Sundarbands. La chasse est son plaisir favori, et sa situation modeste lui permet de satisfaire ce goût. Chaque année, pendant un ou deux mois, il parcourt sur une barque les petits canaux de l'Hougly et n'a jamais eu la fièvre : il prend, à la vérité, quelques précautions élémentaires, telles que d'absorber de la quinine tous les matins, de ne pas rester sur le pont après le coucher du soleil, etc. Comme nous lui faisons l'effet de chasseurs sérieux, il nous prête une carte, où les bons endroits pour le gibier sont notés, et nous fournit un vieux shikari (chasseur indigène), qui a tué avec lui plusieurs tigres et connaît à fond le pays. Enfin, il nous donne les noms des meilleurs traqueurs que nous pourrons trouver dans les villages : autant de renseignements inappréciables.

Il nous tarde de nous mettre en marche. Aussi travaillons-nous avec ardeur à notre installation. Nous avons tout à faire, tout à emporter, car nous allons quitter entièrement la civilisation.

Le 27 janvier, nous faisons flotter le drapeau tricolore, et nous partons « gais et contents », malgré les sourires que dissimulent mal les officiers anglais, en voyant trois Français, arrivés depuis deux mois aux Indes, s'engager seuls dans la partie la plus malsaine de la contrée, et, sans avoir jamais chassé au gros gibier, commencer par attaquer le tigre à pied.

Notre équipage se compose de deux bâtiments: un petit *steam-launch* de douze mètres de long qui remorque un bateau-maison, de vingt-cinq mètres, plus semblable à un bateau de blanchisseuse qu'à un navire: c'est dans ce dernier que nous habitons.

Là nous sommes chez nous, maîtres absolus : tout est à nous, et tout a été arrangé par nous. Dans la coque même, occupant toute la largeur et la longueur du bâtiment, se trouvent nos chambres et notre salon, dont le plancher est à un mètre au-dessus de la quille ; nous avons recouvert les parois de toile grise, mis des tapis, et garni les lits de moustiquaires. Cette dernière précaution ne vise pas seulement les insectes, mais la fièvre : la mousseline arrête et tamise en quelque sorte les miasmes délétères.

Autour du salon, viennent se ranger les caisses de vin, de soda, de conserves ; au centre nous plaçons les tables ; nous plantons des clous pour suspendre nos habits ; nous fixons des planches qui se transforment en étagères ; les fusils sont dressés, les lampes accrochées. Pas de luxe, mais nous tirons parti de tout. Pour vingt roupies (quarante francs), je construis un superbe cabinet photographique : deux poutres verticales forment avec le plafond une espèce de cage que je drape de calicot noir disposé par bandes horizontales, chacune dépassant la suivante de quatre à cinq centimètres, afin d'empêcher la lumière de pénétrer. Une lanterne rouge avec une lampe à pétrole, quelques bouteilles d'acide pyrogallique et d'ammoniaque, des cuvettes en ébonite, complètent cette installation qui me sera bien utile, car nous allons traverser une contrée encore inconnue des photographes et je serai probablement le premier à en rapporter des vues.

Une échelle remplace l'escalier et met en rapport direct notre salon avec le premier pont : sur celui-ci couchera l'équipage composé de six hommes, et nos deux domestiques hindous. Un petit fourneau leur permettra d'y faire notre cuisine.

En outre, une partie de ce pont est transformée en étable, car nous emmenons sept ou huit génisses et quelques moutons destinés à être offerts en sacrifice à messieurs les tigres, — ou, au besoin même, à nous servir de nourriture. Vue de dehors et ainsi encombrée, notre maison flottante a l'aspect d'une arche de Noé un peu réduite.

Une seconde échelle conduit à un pont supérieur que surmonte une tente. Sur celui-ci, nous avons établi une grande table où nous pourrons consulter les cartes, et déposer nos fusils, afin de saluer au passage les animaux que nous rencontrerons.

A l'avant, je place mon appareil muni d'un obturateur très rapide, et me promets de faire en marche des « instantanées » des paysages qui vont se dérouler devant nous.

La question de l'armement est pour nous le sujet de continuelles discussions à bord; chacun a sa batterie préférée, et il faut avouer que l'expérience n'apporte guère d'arguments décisifs, car dans six mois nous ne serons pas plus avancés que maintenant sur la question.

Vaut-il mieux employer de très gros calibres? Quelle charge de poudre? Quel modèle de carabine?

Autant de problèmes sur lesquels j'aurai à revenir plus longuement et à différents points de vue.

Néanmoins, des diverses théories contenues dans les livres que l'on a écrits sur la chasse aux Indes, des avis comparés des chasseurs eux-mêmes, on peut, il me semble, conclure ceci.

Pour les grands animaux, éléphants, rhinocéros, buffles, etc., c'est-à-dire pour ceux qu'on a en vue d'ordinaire en chassant aux Indes, le plus gros calibre et la plus forte charge possibles sont préférables. C'est affaire au chasseur de consulter ses forces et de concilier toutes les exigences ; on peut cependant ajouter qu'il ne doit pas s'effrayer outre mesure d'un poids trop lourd ni d'un recul trop fort. D'abord le recul éprouvé à l'essai sur le champ de tir, est diminué de moitié en présence du gibier, et, si violent qu'il soit, on ne trouvera guère l'occasion de tirer plus plus de dix coups dans une journée; ensuite on sera généralement escorté d'un ou deux hindous, et l'on n'aura pas à porter son arme plus de cent mètres de suite.

D'après ces considérations et beaucoup d'autres que j'omets, nous nous décidons pour l'armement suivant, — le même, à peu de chose près, pour chacun de nous :

Un fusil 12, lisse;

Une carabine 577;

Une carabine 450;

Une carabine 8;

Un winchester.

Le 12 est de chez Gastine Renette, et fort lourd; il n'est pas *shoke bored*, et permet de tirer la balle indifféremment dans les deux canons, ce qui est un point essentiel.

Le 577 a été acheté chez Purdey. Il a l'inconvénient de coûter fort cher (soixante-quinze livres sterling), mais la valeur est réelle et forme un vrai placement. La charge maximum est de treize grammes de poudre; j'en supporte facilement le recul. De l'avis de tous, le 577 est le *vade mecum*, l'arme par excellence du chasseur dans ces contrées. En le chargeant de balles à pointe d'acier, on laisse rarement échapper le rhinocéros qu'on blesse.

Le 450, de chez Holland, est préférable pour le petit gibier, cerfs ou antilopes; il est très léger, d'une grande précision à deux cents mètres, et bien en main.

Le 8 rayé a le canon court, mais n'en est pas moins très pesant (sept kilos trois cents); son recul se trouve ainsi diminué. Il est bon d'ailleurs de munir les crosses de toutes les carabines de coussins en caoutchouc, pour amortir le choc. La charge normale du 8 est de quinze grammes. L'important, lorsqu'on chasse le tigre à pied, est d'avoir une arme qui puisse l'arrêter net : or il y a beaucoup de chances pour que l'animal, blessé d'une balle explosible tirée à quinze pas par le 8, se trouve impuissant à poursuivre sa marche. J'ai souvent entendu raconter l'histoire d'un capitaine anglais qui, parti seul pour la chasse, fut trouvé le lendemain, mort à côté du cadavre d'un tigre : ce dernier avait le cœur et la cervelle traversés de deux balles de 450, et avait eu le temps d'écraser d'un bond le chasseur imprudent.

Quant au winchester, nous l'avons pris plutôt comme supplément, pour le cas où une autre de nos armes viendrait à être mise hors d'usage. C'est une carabine d'une étonnante précision ; elle est d'un emploi constant en Amérique ; mais je n'aime pas beaucoup le système à répétition. De plus, le point de mire placé sur le canon, oblige à viser un certain temps et empêche de « jeter » son coup ; or, nous aurons généralement fort peu de temps pour tirer.

Nous voici prêts ; viennent maintenant les tigres, ils seront bien reçus.

Nous faisons une première halte à Port-Canning ; c'est le terminus d'une petite ligne de chemin de fer ; nous en profitons pour faire venir encore de Calcutta quelques objets qui nous manquent.

Port-Canning a donné lieu, il y a une trentaine d'années, à une entreprise intéressante : une Compagnie s'était fondée pour y créer un port destiné à détrôner Calcutta; on avait acheté des terrains, élevé des maisons à grands frais, — car il fallait faire venir les matériaux de loin, — construit un chemin de fer, etc. En 1866, une tempête a mis la contrée sous sept pieds d'eau; d'où faillite et débâcle. Une pareille entreprise avait d'ailleurs peu de chances de succès: le climat est trop malsain.

Les marées se font déjà sentir ici. Elles laissent sur les berges du fleuve une vase noire, collante et puante, qui gêne beaucoup pour les débarquements. Nous la retrouvons partout dans ce voyage et finissons, bon gré, mal gré, par n'en plus tenir compte.

Le pays est plat, la jungle peu élevée, — d'un mètre à peine. De nombreux petits canaux ou rivières, bordés de digues, la coupent en tous sens : sur les rives, des touffes de fougères assez élevées que je crois appartenir au genre *osmunda* ; çà et là, de petits magnolias sauvages dont la floraison est déjà passée; sur l'eau, des lotus à fleur bleue; voilà le tableau.

Dans cette ville qui n'existe que de nom,

nous rencontrons pourtant un Européen, un ingénieur chargé de creuser un puits artésien pour la Compagnie.

M Augabeg, c'est son nom, descend d'un Arménien de qualité qui était, vers 1680, gouverneur de province dans son pays. Il nous conte la romanesque histoire de cet ancêtre, qui, fait prisonnier sur une fausse accusation, tua le grand vizir en le frappant avec ses chaînes; puis l'établissement de sa famille aux Indes, après la chute du royaume d'Arménie; enfin la vie qu'il mène lui-même dans la contrée déserte où nous le trouvons.

Il a pris la fièvre, ce qui l'empêche de se livrer à la seule distraction qui soit possible ici, la chasse. La fièvre des Sundarbands est paludéenne et se déclare soudainement; elle se traduit par de violents frissons, suivis de vomissements et de douleurs dans les jambes; elle s'en va d'ordinaire comme elle est venue, mais la santé générale s'en ressent longtemps.

Le delta est très giboyeux, seulement on n'y chasse pas toujours impunément; et, pour preuve de cette assertion, M. Augabeg nous montre son bras horriblement mutilé par un tigre qu'il attaquait à pied. Encore son frère a-t-il heureusement tué l'animal, au moment critique.

Tout près de Port-Canning, à deux milles, un indigène a été enlevé par un tigre, il n'y a pas quinze jours; mais, pour trouver une belle chasse, il vaut mieux descendre plus bas, en pleine jungle.

D'ailleurs les Sundarbands ont plus d'un attrait : ils contiennent autre chose que du gibier, ils abritent des pirates et cachent des trésors; on y trouve, paraît-il, de grandes cités ruinées, des palais abandonnés. Personne n'a vraiment exploré cette région, et l'imagination peut se donner libre carrière sur ce qui reste à y découvrir.

Vous devinez si tous ces récits enflamment notre désir et si nous brûlons de nous lancer dans cet inconnu que la légende remplit de merveilles !...

Au fait, pourquoi parler de légendes? L'histoire de Shepperd le pirate, toute vraie qu'elle soit, n'est-elle pas assez merveilleuse?

C'était un Européen, mis hors la loi à la suite de nombreuses aventures. Il s'était réfugié dans les jungles des Sundarbands où il avait construit, dans une île, une forteresse garnie peu à peu de canons pris aux vaisseaux qu'il pouvait surprendre. A la tête d'une bande de Sicks révoltés, il rançonnait les navires de commerce et saisissait les cargaisons de bois qu'il faisait vendre à Calcutta. Ce brigand était vraiment devenu le roi du Delta. Seul au monde, il savait l'endroit précis où s'était englouti le *Sunder*, coulé à l'embouchure de l'Hougly avec six millions d'argent monnayé, et ce secret lui valait un immense prestige auprès de ses compagnons.

La connaissance qu'il avait du pays et l'impossibilité où étaient les Anglais de le suivre dans la jungle rendaient sa capture difficile. Pourtant, il y a quatre ans, on arriva à dissoudre sa bande en arrêtant ses revendeurs à Calcutta: plus de débouchés, c'était pour lui la ruine. Il en vint à des excès d'audace: l'année dernière, on mit la main sur lui dans une maison de joie de Calcutta, et on eut le mauvais goût de le pendre.

Ce cas de brigandage fantastique, au XIXe siècle, et en pays relativement civilisé, augmente encore notre enthousiasme. Nous quittons, le 30, M. Augabeg et Port-Canning, en faisant des vœux pour rencontrer, nous aussi, quelque Shepperd.

Pour commencer, nous nous engagerons dans la rivière Matla, qui est une des nombreuses branches de l'Hougly ; notre plan est de la descendre en traversant le grand marché de Kaliganj, à la jonction des rivières Jamina et Kanksiali, pour nous arrêter ensuite à Issoripour, petit village qui marque la limite de la partie habitée et cultivée aux Sundarbands ; plus bas, jusqu'à la mer, s'étend la jungle, la forêt vierge : c'est là que nous chasserons.

Quelques dissensions intérieures surgissent déjà parmi nos hommes : nous nous érigeons aussitôt en tribunal pour les réprimer, car la plus stricte discipline doit régner à bord. Chacun voudrait passer son ouvrage au voisin ; nous fixons la division du travail et nommons Charles inspecteur général, titre que sa qualité de blanc lui vaut de plein droit.

Nous voici en marche ; nous traversons une jungle formée de fougères, de palmiers nains, et de plantes à large feuillage comme on en

5.

voit dans nos salons, — tout cela robuste, vigoureux, superbe, et ne paraissant point souffrir de l'effroyable lutte pour la vie qui enlace les troncs et mêle les branches.

Puis apparaît une forêt sauvage dont les arbres plantent leurs puissantes racines jusque dans l'eau; c'est un fouillis dont on n'a aucune idée sous nos latitudes, une exubérance de sève qui fait paraître bien maigres nos taillis.

Nous sommes assis à l'avant de notre bateau-maison; auprès de nous, nos carabines sont chargées, et nous regardons ainsi tranquillement les paysages les plus variés se dérouler sous nos yeux, n'interrompant, de temps à autre, cette contemplation que pour abattre quelques buses ou butors, qui, effarouchés par le bruit inconnu de la vapeur, volent d'une rive à l'autre. Mon appareil est dressé devant moi, prêt à saisir les vues qui me frappent. Mais c'est la couleur qu'il faudrait pouvoir fixer : quelle merveille que ce coucher de soleil ! l'eau prend une teinte mauve, où se réfléchit le ciel, tandis que la vase du rivage a des reflets d'acier.

Hélas ! la nuit tombe et la prudence nous commande de rentrer dans ce que nous appelons emphatiquement nos appartements. Je me risque pourtant à venir rêver quelques moments au clair de lune : au dehors, un silence et un calme absolus ; nulle part comme ici, loin de toute préoccupation, sans nouvelles ni tracas d'aucune sorte, on ne peut jouir aussi pleinement du spectacle de la nature.

Voilà que l'acier de la rive est devenu de l'argent. L'eau est maintenant d'un bleu cobalt, et les rides, accusées par la marche tranquille de nos bateaux, reflètent la lune éclatante et viennent couper le fleuve de lames métalliques. Nous croisons des pirogues de natifs dont le profil se détache en noir sur le rivage ; elles glissent rapidement avec la marée. Sur cet esquif recourbé en pointe, à la manière des gondoles vénitiennes, un seul homme se tient à l'arrière, donnant la direction à l'embarcation avec une simple pagaie ; et tout cela passe comme une ombre pour rentrer dans la nuit.

Ce calme n'est troublé que vers le matin par une collision avec un lourd chaland chargé de troncs de sundri. Le sundri (*Heritiera lit-toralis*) est le principal revenu de cet étrange pays ; peut-être même est-ce là l'origine du mot « Sundarbands ». C'est un bois de teinte rougeâtre assez commun par ici et excellent, dit-on, pour la construction des navires. On croise à tout moment des radeaux sur lesquels le chargement forme un dôme et que manœuvrent deux hommes à l'aide de longs bambous. Parfois même les trains de bois sont plus importants ; certains comptent jusqu'à quinze ou seize bateaux reliés à la file et sur lesquels des familles de bûcherons passent plusieurs mois.

Nous arrivons sans autre incident, le 31 janvier, à Kaliganj, petit village qui sert de point de départ aux chargements de bois et de riz se rendant à Calcutta : c'est également le marché aux légumes et aux poissons de la contrée. La rivière est encombrée de convois de marchandises, et nous devons attendre jusqu'au soir que la marée nous permette de continuer notre route.

Je profite de cette journée pour faire un peu de photographie. M. de Morès part aux renseignements de chasse; il se rend à pied à Issoripour, que nous n'atteindrons en bateau que le lendemain après avoir décrit une circonférence presque complète.

Il a pour guide Diptchaï; c'est le shikari que nous avons emmené sur la recommandation de Meades, — un petit vieillard de soixante-dix ans, à tête de fouine: il me rappelle bien plus certains de nos vieux paysans de la Beauce que le type hindou. Il est brave, beaucoup trop même, car il n'a aucune idée du danger; mais il aime avant tout la dive bouteille et a reçu de nous le surnom de « Père la Carotte », qu'il justifie en nous demandant sans cesse quelque petit cadeau, avec des regards attendris de grand enfant: comment lui refuser! Il nous avoue, d'ailleurs, avec une certaine fierté, qu'il est « ingénieur »: c'est lui qui apporte le charbon pour alimenter un rouleau à vapeur.

Morès ne rentre qu'au milieu de la nuit, et encore grâce aux coups de fusil que nous avons tirés en manière de signal: Diptchaï connaissait bien la route, mais à la question:

— *Kitna Cosse?* combien de cosses? (la

cosse est de trois milles), il répondait in-
variablement « deux »; ils ont ainsi fait
plus de quarante kilomètres.

En revanche, les nouvelles sont bonnes:
Diptchaï est très connu là-bas; nous aurons
les batteurs dont nous avons besoin; enfin, la
nuit dernière, un tigre a tué une vache à cinq
cents mètres du village. « Premier tigre au
rapport » : nous essayerons de le tirer demain.

Nous voyageons une partie de la nuit au
clair de la lune et débarquons le matin pour
gagner Issoripour à pied; mais nos porteurs
nous donnent des renseignements vagues; nous
nous apercevons qu'ils se sont trompés et remontons à bord.

Notre navigation est, à son tour, inter-
rompue par une série d'accidents.

Nous échouons en pleine rivière, ce qui n'est
pas sans nous effrayer un peu, car la vase de
l'Hougly a la réputation de ne pas rendre sa
proie. Le steamer souffle, crache, soupire, se
démène tant qu'il peut; enfin, la science
l'emporte encore une fois sur la matière, et
nous repartons; — mais c'est pour tomber de
Charybde en Scylla.

Après avoir vu le flanc de notre *house-boat* écorché par un bateau de sundri, nous nous précipitons à toute vitesse dans un canal fort pittoresque, qui a l'inconvénient de se trouver trop étroit : la nature semble vraiment s'opposer à notre marche, afin de garder ses secrets. Une branche vient broyer les piquets de notre tente et balaye le pont ; nous n'avons que le temps de nous jeter de côté...

La cheminée de notre poêle est brisée, perte irréparable. Morès se jette à l'eau pour la repêcher, suivi de plusieurs indigènes qui s'appuient sur de longs bâtons de bambous pour plonger. Mon appareil photographique a cruellement souffert ; je m'improvise tour à tour menuisier et serrurier pour réparer les dégâts.

Cependant les populations des villages riverains, qui n'ont rien vu de semblable à notre convoi, nous suivent sur les berges. Les hommes sont bien bâtis et paraissent vigoureux ; moins foncés que les Bengalis, ils ont le visage franc, le front ouvert, le nez droit ; ils sont très velus. Quant aux femmes, il est difficile d'en parler : à peine les a-t-on aperçues qu'elles disparaissent.

Au bout de quelques heures, nous reconnaissons sur un bateau de bois le vieux Diptchaï, qui était resté à Issoripour pendant que Morès nous revenait : il agite un mouchoir.

En même temps apparaissent au travers des lianes des têtes grimaçantes : ce sont les enfants du village qui, prévenus de notre arrivée, se précipitent au-devant de nous.

Ces petites criques que nous dépassons, ces bouches de canaux étroits au fond desquels surgissent des pirogues à demi cachées dans les feuilles, ces familles de chasseurs indépendants, se glissant dans la jungle, tout me rappelle les récits d'exploration dans l'Amérique du Sud. Je pourrais me croire sur quelqu'un de ces affluents de l'Amazone que parcourut l'infortuné docteur Crevaux, — à cela près qu'il y a ici moins de périls à courir, au moins du côté des hommes.

Diptchai est escorté de six shikaris qu'il a enrôlés dans le village. Avec sa troupe, il monte sur le pont et nous fait le rapport. On parle ici un patois qui ressemble peu au bengali et que nos hommes ne comprennent pas. Nous avons donc deux interprètes : un matelot communique les réponses des chasseurs à un de nos domestiques, et celui-ci nous les traduit à son tour. Le fait capital est celui-ci : On a entendu le tigre chasser de ce côté la nuit dernière ; il a tué une vache.

Nous partons aussitôt, emmenant des bestiaux avec nous. Chacun de nous est suivi d'un shikari portant une deuxième carabine. Ces hindous semblent enthousiastes pour la chasse au tigre ; ils nous montrent leur propre fusil, des 16 à un coup se chargeant par le canon ; et nous nous disons qu'il y a quelque mérite à se risquer avec de pareilles armes.

Nous avançons lentement, à la file indienne, sur une chaussée étroite, au milieu de broussailles qui nous viennent à la taille. Nos carabines sont armées ; car le « gentleman » qui fréquente ces parages, peut d'un instant à l'autre avoir la fantaisie de sauter sur l'un de nous. Diptchaï ouvre la marche, portant avec sollicitude une chèvre dans ses bras ; nous attachons celle-ci ainsi que la vache que nous voulons sacrifier.

Les herbes sont courbées çà et là, formant un sillon, trace évidente du passage du fauve. Il a même laissé, sur la chaussée, de larges empreintes démontrant que c'est un grand tigre.

Nous nous asseyons sur un tertre, à une trentaine de mètres des animaux. La nuit tombe vite, et n'était l'absorption de la lumière par la sente blanche, je ne verrais rien. A peine si je distingue la masse noire de la vache, qui tourne comme une ombre autour de son piquet. Le moindre frôlement attire notre attention et nous tressaillons instinctivement aux battements d'ailes des grands vampires, dont le cercle autour de nos têtes va toujours se rétrécissant. Au bout d'une heure, nous nous décidons à rentrer : il fait trop noir; nous reprenons la file, tenant chacun une lanterne à la main et laissant les victimes en holocauste.

Le lendemain, nous retrouvons des traces du tigre; mais il n'a pas touché à la vache ; il s'est défié de cet animal attaché si près d'un village. Nous prenons le parti de le sacrifier nous-mêmes, et nous traînons ses boyaux sur une circonférence de 50 mètres de rayon : c'est le procédé employé dans la chasse à l'ours.

Cela fait, nous nous rendons au village. Les habitants que nous rencontrons appartiennent à la race dont nous venons de parler, distincte des Bengalis ; ils sont mieux taillés que ces derniers ; leurs épaules ne tombent pas, ils ont de fortes poitrines, et surtout des cuisses admirables, des jambes parfaitement moulées, qui ne dépareraient pas l'Apollon du Belvédère. Forment-ils une race autochtone ? et, dans le cas contraire, d'où viennent-ils ? D'après certains auteurs, ils appartiendraient à la même famille que les Tsiganes errants qui parcourent le monde. Et il est de fait qu'ils ont avec ceux-ci beaucoup de traits communs. Pour un anthropologiste, il y aurait là matière à une étude fort curieuse : peut-être arriverait-on, par un examen approfondi de leur langage et de ses racines, à fixer approximativement l'époque à laquelle cette bande d'hommes, beaux chasseurs et voleurs, s'est séparée de la souche primitive. Mais c'est une étude qui demanderait plus de trois semaines... consacrées à la chasse. Tout ce que je puis me permettre est de signaler la question.

La campagne est fertile ici, aux endroits restreints où elle est cultivée. Les paysans semblent riches; ils ont des vaches, de la volaille et boivent le *todwinn*, fabriqué avec le palmier. Leurs chaumières sont recouvertes de *Phœnix paludosa*; les toits en sont à deux tranchants. Autour des jardins s'étendent des bois de cocotiers au tronc droit et mince; çà et là, des tamarins dont la fève entre pour une bonne part dans leur cuisine et constitue un des principaux éléments du curry. Ces chaumières forment le village; elles sont placées à une certaine distance les unes des autres, ce qui enlève toute apparence d'agglomération.

Vers le centre se trouve une mare dont l'eau est sacrée; derrière, un temple aux trois quarts envahi par la verdure, et dont les murs extérieurs seuls ont été respectés. Au fond de la cour, un sanctuaire renferme une statue noire de Khali, la déesse cruelle dont les sectaires formaient la fameuse assoc'ation des Thugs. Elle préside au meurtre et demande du sang; on se contente maintenant d'égorger des chèvres en son honneur, au moyen d'un grand couteau, porté sur deux pieds de bois, en manière de guillotine.

Sur le devant du temple, deux petits lions sculptés rappellent les figures assyriennes.

Le grand prêtre nous reçoit : il doit être mal-habile à exploiter la crédulité des fidèles, car il n'est pas riche ; c'est un homme d'une cinquantaine d'années, maigre et borgne, à la figure chafouine. Il sait quelques mots d'anglais. Nous nous en faisons un ami utile en échangeant avec lui des présents ; il nous offre deux poulets et nous lui donnons du tabac.

Malheureusement, ses renseignements manquent de précision. Il ne sait guère que nous entretenir de sa propre personne : « Je suis pauvre, mais gentleman », nous dit-il. Il prétend descendre des rajahs qui ont bâti ce temple ; il se nomme Bamacheran Tchaderdjee, et son ancêtre, celui qui a jeté les fondements de l'édifice, avait nom Pertabaditi.

Au reste, ce temple a été élevé sur l'emplacement d'une ville plus importante, comme en témoignent les ruines que nous rencontrons à chaque pas. Cette partie des Sundarbands a une histoire : les Portugais en parlent au XVIe et au XVIIe siècles comme d'un pays fort riche.

En fouillant les traditions, on trouve à cette époque un peuple qui devait sa prospérité à l'état de socialisme où il vivait. La fameuse question agraire, qui maintenant, ici comme ailleurs, donne lieu à tant de dissentiments, était résolue de la même façon que dans le *mir* russe : les terres étaient au village ; on partageait, entre tous, les bénéfices de la culture. Faut-il remarquer, une fois de plus, que le but auquel tendent les peuples en quête de progrès, n'est que le simple retour à leur point de départ ?

Après nous avoir fait visiter sa plantation de cocotiers, Bamacheran préside à l'enrôlement de nos shikaris.

Il nous faut dire un mot de ces derniers, avant d'aller plus loin. Ici tout le monde chasse, mais, parmi les habitants du village, on distingue les chasseurs de profession, vivant par la chasse et pour la chasse, couchant, tantôt dans une chaumière, tantôt en plein air, indifférents à toutes les fatigues et à tous les dangers : ce sont les shikaris. Ils habitent d'ordinaire sur leur canot, sorte de longue pirogue portant au milieu une bâche formée par des feuilles de palmier. Le plus souvent, ils s'associent deux par deux, pour leurs campagnes. de chasse. Ces couples sont assez semblables à ce qu'étaient jadis les frères d'armes, partageant les bénéfices et aussi les périls, se prêtant appui dans toutes les difficultés et comptant absolument l'un sur l'autre. Parfois ce sont les caractères les plus différents, les tempéraments les moins conciliables en apparence, qui se montrent le plus unis. Ils chassent le cerf, et au besoin le tigre, qu'ils poursuivent à pied avec intrépidité, comme nous le verrons par. la suite. Ils se servent d'un fusil du calibre 16, à un coup, à amorce et se chargeant par le canon ; la crosse en est fort courte. Ils le payent environ quarante francs, et, avec cette mauvaise arme, arrivent à tirer fort bien ; mais il est rare qu'ils visent le gibier autrement que posé ou arrêté.

Ils sont d'humeur très indépendante. L'un d'eux, Moïem, chasseur très en renom parmi ses confrères, se sentit jaloux de nos armes et de notre tir et refusa de nous accompagner à quelque prix que ce fût. C'était un petit homme, chétif, malingre, qui avait eu le bras gauche emporté par un tigre. Durant notre séjour, il en tua un à pied, d'un seul bras, avec son calibre 16 à un coup. Cette race est merveilleusement brave ; on ne diminue pas son mérite en observant que la vie lui est indifférente : qu'est-ce que le courage, sinon le mépris de la mort ?

Quant aux autres, nous nous en faisons des amis en les traitant comme tels. Nous apprenons promptement les mots usuels de leur patois, ceux du moins qui sont relatifs à la chasse, et, en nous aidant du geste, nous arrivons à causer avec eux. Comme ils voient que nous sommes des chasseurs convaincus et que nous leur demandons sur tout leur avis, ils s'attachent à nous et nous sentons bien vite que nous pouvons vraiment compter sur leur dévouement.

Ils méritent donc d'être cités ici : d'abord Nelagachi, qui s'est fait mon guide et ne me quitte jamais. C'est un bel homme à tête de Jupiter avec une barbe grisonnante et un front de penseur ; il nous a voué une reconnaissance absolue parce que nous l'avons guéri d'une ophtalmie. Ensuite, Ratchibullo, que nous avons surnommé le Turco, et son associé Buchirado ; Chaïem, le beau Chaïem, jeune homme superbe, aux muscles harmonieusement développés, aux traits droits, la figure ouverte avec de grands yeux. Puis le petit Hakim, qui paraît bien chétif à côté de ceux-là, mais qui en est à son seizième rhinocéros; et Bosir, un garçon qui, pour suivre un gibier à la piste, en remontrerait au plus fin limier.

Enfin, nous nous adjoignons Chougran « le Papouan » : ce petit homme sale, aux muscles saillants, au torse bombé, avec son visage de sauvage et ses cheveux crépus formant tignasse, a reçu de nous ce surnom (de Papouan) à cause de sa ressemblance avec certains indigènes de l'Océanie : c'est le chasseur attitré du village. Il nous rendra les plus grands services, car il connaît tous les repaires des tigres et dirige les battues avec une sauvage énergie, en brandissant comme un bâton son long fusil qu'il tient par le canon.

Nous prenons nos arrangements pour la chasse qui va s'ouvrir: chacun de nous gardera un shikari avec lui; les autres iront battre le pays et reviendront nous faire leur

6

rapport sur le gibier dont ils auront connaissance.

Chaque tigre présenté à portée de fusil de l'un de nous, donnera droit à une prime de soixante roupies (un peu plus de cent francs), au profit de celui qui l'aura montré. Nos guides n'auront pas du moins à souffrir de notre maladresse.

Enfin tout est réglé, et nous partons le 3 février pour Khagalagât, qui est à une heure d'Issoripour par terre et à une journée par bateau, parce que la rivière décrit là un demi-cercle. Elle s'élargit de plus en plus et atteint un kilomètre d'une rive à l'autre : sur les bords, toujours des forêts où domine le sundri ; aucune trace d'être humain. C'est comme un domaine privé qui s'étendrait sur plusieurs centaines de milles.

Nous profitons d'une halte pour pénétrer, en canot, dans une petite rivière nommée Hari-Kali, que Diptchaï connaît. Je me fais là une idée de ce que peut être une forêt vierge. Des palmiers, dont les feuilles émergent pour ainsi dire de l'eau et s'élancent avec élégance à quatre ou cinq mètres de hauteur, forment

un rideau impénétrable; derrière, se dessine
le feuillage finement découpé des sundris. Les
palmiers nains et les *Alpidistra,* ces feuillages
en forme de lame si recherchés dans nos
serres, se pressent au-dessus de la fange,
découverte à marée basse. Çà et là, quelques
grandes orchidées suspendent à un tronc d'arbre leurs longues feuilles effilées. Dans cette
atmosphère limpide où toutes les couleurs
éclatent, jouent les rayons d'un soleil de feu
qui plaque d'or les amas de verdure...

Je suis tiré de ma rêverie par les gestes
effarés des matelots, — ce sont des Bengalis, —
qui affirment avoir entendu un tigre. Ordre
leur est donné de débarquer afin de laisser ici
même une vache que nous viendrons revoir
dans quelques jours; c'est à contre-cœur que
nos hommes se résignent. Je descends avec
eux et je trouve en effet le vol-ce-l'est tout
frais d'un grand tigre poursuivant des « orynns »
(cerfs).

Nous revenons à bord et continuons notre
route; je remarque un curieux cétacé, — particulier au Gange et à ses affluents, — dont le
museau est orné d'un bec; c'est le *Platanista*

gangetica. Une bande de ces monstres joue autour de nos bateaux, mais ils apparaissent si peu de temps qu'on peut à peine les tirer.

Un dernier détour nous amène à une demi-heure d'Issoripour. C'est là que nous allons stationner pendant près de trois semaines et fixer le centre de nos chasses. Nous brûlons d'entrer enfin dans la période active.

III

Le lendemain, en revenant de Hari-Kali, où notre vache a été retrouvée intacte, j'apprends un curieux mode de chasse au cerf. Il y a par ici de nombreuses traces d' « orynns » (c'est le *Spotted deer*, le bel *Axis maculatus* à peau mouchetée). Bosir prend la piste et je le suis. Il s'arrête au pied d'un gros sundri et me fait monter dessus; je m'installe tant bien que mal à califourchon; lui-même grimpe en haut et s'accroupit à l'extrémité d'une branche qui se courbe à moitié; je ne sais comment il

peut s'y tenir. Il se met à imiter le cri du cerf
en rut : d'abord une sorte de hurlement mélancolique « hoù ! hoù ! » puis l'irritation se marque : « hinhou, hin hou ! » Enfin la grande
colère accompagnée de jurements, comme font
les geais qui se battent. Il agite sa branche, ce
qui me semble fort dangereux ; il se maintient
pourtant comme l'ours de Robinson Crusoé,
cassant des rameaux, jetant des feuilles, — tout
cela en vain d'ailleurs. Après une demi-heure
de cet exercice, nous quittons la place. Mais
le vieux Diptchaï, qui professe une grande
admiration pour Bosir, nous affirme qu'à la
nuit tombante il n'est pas rare de tuer ainsi
plusieurs cerfs.

Nos chasseurs nous annoncent le soir quatre
tigres au rapport. Voilà de la besogne pour
demain.

Le 5, nous partons de grand matin. Notre
expédition comprend Morès et moi, Bosir, le
vieux Diptchaï et un homme qui mène une
vache ; nous avons dû en acheter une au
village, car il paraît que les buffles rebutent
les tigres. M. de Boissy, escorté d'un shikari,
suit de loin ce convoi.

Nous entrons dans le terrain de chasse où nous devons nous arrêter pendant deux semaines [1]. C'est une jungle basse, mais épaisse, formée de saules, de houx et d'autres arbustes, et située à près d'un mille d'Issoripour; elle-même n'a pas plus de quatre cents mètres de large; elle est traversée dans toute sa longueur par une ligne formant chaussée, BC ; à six pieds de cette chaussée et parallèlement à elle, coule un canal de trois mètres de largeur, qui s'emplit à marée haute et reste à peu près sec à marée basse; enfin, de l'autre côté du canal, un bois plus élevé et encore plus fourré. Nous allons pour ainsi dire vivre dans ces deux jungles; nous les battrons tous les jours dans tous les sens, nous y dormirons même.

Aujourd'hui, nous fouillons la jungle AE, à la suite de Bosir. Il me surprend vraiment; nu et sans armes, il court dans le bois, traverse les fourrés d'épines, entre dans l'eau jusqu'au-dessus de la ceinture, se glissant, léger et silencieux, comme un chevreuil qui fuirait. C'est à peine s'il a l'air de chercher, et il suit la trace du tigre à travers mille détours, évi-

1. Voir le plan.

tant parfois les crochets, sans la perdre jamais;
on dirait qu'il existe une correspondance mys-
térieuse, ou une « harmonie préétablie », entre
lui et l'animal poursuivi. Quant à nous, nous
cheminons gauchement derrière lui, mais sans
le quitter : nous n'oublions pas à quel gibier
nous avons affaire. Nous perdons nos casques,
nous roulons dans les épines, nous tombons
dans l'eau; rien ne nous arrête.

Voici l'endroit où le tigre a fait sa nuit. Les
herbes gardent encore l'empreinte de son
corps, et « nous en revoyons » comme on dit
en style de vénerie. Bosir se retourne vers
nous et nous montre avec mépris nos chaus-
sures pour nous indiquer que le bruit qu'elles
font a mis le tigre en fuite...

La partie est manquée et nous n'avons plus
qu'à rebrousser chemin. Nous retrouvons M. de
Boissy qui, avec moins de peine, aurait pu
avoir plus de chance, puisque le shikari qui
l'accompagnait a vu une tigresse et son petit
à dix pas de lui. Notre ami était resté un
peu en arrière et a manqué l'occasion. Les
chasseurs sont désolés. Ils nous entraînent
encore de l'autre côté du canal, mais, après

une inutile course de deux heures, nous nous résignons à rentrer.

A bord, nous avons de nouveau la visite du prêtre de Kàli, le digne Bamacheran. Il s'étonne de tout, et pourrait certainement rivaliser avec le vieux Diptchaï au point de vue de la « carotte ». C'est d'abord des cigares qu'il faut lui offrir, puis une bouteille de champagne. Il est puissant ici et nous sommes obligés de le ménager.

Nous agissons autrement à l'égard de villageois curieux et menteurs qui remplissent notre bateau et réclament la récompense, prétendant avoir montré le tigre. Il faut un exemple : Morès en jette un dehors, et la crainte de l'expulsé se traduit physiquement d'une manière qui provoque l'hilarité du vieux Bamacheran lui-même.

Le soir, nous entendons des coups de fusil accompagnés de roulements de tam-tam : c'est le procédé employé dans les villages pour écarter les tigres. Le bruit est de bon augure.

En effet, le 6, on vient nous annoncer que le tigre a tué la vache laissée par nous la veille. Nous décidons de passer la nuit à l'affût. La journée est employée à la construction des « méchaums »; on appelle ainsi des appareils qu'on dresse sur quatre bambous, ou dans un arbre, pour attendre le tigre. Les nôtres sont installés très simplement dans des arbres. Au moyen de fils de laiton, nous fixons un long bambou au travers des branches ; nous attachons notre hamac aux deux extrémités; un autre bambou au-dessous pour les pieds, et notre édifice est construit. Ce sont de vrais lits élevés dans les airs, et nous n'y serons pas trop mal.

J'emporte mon 8 et mon 577. Un peu avant le coucher du soleil, nous venons nous installer : M. de Boissy et Morès se placent en C et en B, à une centaine de mètres l'un de l'autre, ayant tous deux l'avantage de voir le layon sur lequel la bête doit se profiler, pour peu qu'elle se rapproche de la vache morte qui gît à quelques mètres de là, entre B et C. Je prends moi-même position en A à quinze pas de la clairière; de ce côté est attachée une vache vivante tout contre le bois, en D, c'est-à-dire à quarante mètres de moi. Nous formons ainsi un triangle ; je vois

Morès, qui nous voit tous deux, M. de Boissy et moi. Si le tigre vient, il a trois décharges successives à essuyer. Tout est donc disposé à notre avantage.

Je m'assieds dans mon «méchaum », et après avoir mis mes carabines en joue, afin de prendre la direction de la vache, je les pose chargées à côté de moi ; à ma droite est ma cartouchière ; à un mètre au-dessous s'accroupit sur une fourche, Nelagachi, mon compagnon fidèle.

La vache beugle quelque peu, puis s'arrête pour écouter ; enfin, elle se résigne ; elle a fait le sacrifice de sa vie, et en bête plus sensée que la « chèvre de M. Seguin », se met à brouter tant qu'elle peut, voulant s'en donner le plus possible pendant le peu d'heures qui lui restent à vivre.

Deux chèvres attachées à quelques pas d'elle, imitent son exemple, mais avec moins de philosophie, et cherchent au moindre bruit à se cacher l'une derrière l'autre.

Les oiseaux chantent à l'envi, au moment du coucher du soleil. Il y en a un qui « rappelle » sous mon arbre et dont le chant, semblable à celui du faisan, m'emporte bien loin d'ici. Les pics frappent à coups redoublés, tandis qu'au loin les coqs annoncent gaiement l'approche de la nuit. Elle ne se fait pas attendre et tombe brusquement, nous enveloppant de ténèbres épaisses. Tout bruit cesse aussitôt, comme par un coup de baguette. Je cherche en vain à distinguer quelque chose dans le noir, et c'est à peine si je peux apercevoir vaguement, de temps à autre, l'ombre de la vache. Je ne sais pourquoi elle me semble placée fort loin.

Quelques coups de gueule lointains, en tout semblables à un court beuglement de vache. « Bhag » (le tigre), me dit tout bas Nela-gachi. Enfin, je l'entends ! Ce n'est pas effrayant en soi, mais ce bruit, éclatant seul dans le silence de la nuit, produit un certain effet. Je porte la main sur mes fusils, afin de m'assurer que les gachettes ne sont pas prises dans les mailles du hamac.

Au loin les bruits de tam-tam du village continuent, coupés çà et là de nouveaux mugissements qui, à un moment, me semblent se rapprocher ; mais je ne bouge pas, non plus qu'aucun de mes compagnons.

Environ une heure après, la voix de M. de Boissy s'élève dans la nuit : « La tigresse a passé », dit-il. Je m'écrie : « Il ne faut pas parler », m'apercevant trop tard que je me contredis et me condamne tout ensemble. On ne me répond pas. Tout retombe dans le silence.

Bientôt, nouveau vacarme : ce sont des bateliers qui reviennent de la foire par le petit canal. Ils chantent à tue-tête, excellent moyen de tromper la peur.

Puis, plus rien.

Quelques miaulements dans le bois, que j'attribue à un petit tigre. Je reste si immobile qu'un corbeau vient se percher sur mon bambou comme pour me narguer.

Cependant je crois entendre un léger froissement dans les feuilles ; le shikari me touche la jambe, et je saisis mon 577...

Une minute après éclate un bruit de galop dans la clairière, avec les cris d'épouvante des chèvres, bientôt suivis des gémissements que leur arrache la douleur. Tout cela est dominé par une respiration forte, un souffle bruyant, qui indique sûrement la présence du félin. C'est la tigresse qui enlève une chèvre.

Je tire dans la direction du bruit et je n'entends plus rien.

Quant à y voir, comme je l'ai déjà dit, c'est impossible. Ce petit drame ne dure d'aillleurs, qu'une seconde. Peut-être la tigresse est-elle tuée ? Un double coup de fusil que j'entends m'enlève cette illusion. Morès me crie qu'il a vu deux yeux phosphorescents. Il n'a pas dû toucher la bête, car le second coup provenait de l'explosion de sa balle sur le layon (une balle Perthuiset). C'est fini, me dis-je, pour cette nuit ; et je tâche de m'endormir.

Erreur ! les tigres ne sont pas habitués à être dérangés, et, confiants dans les ténèbres, ne mettent aucune borne à leur audace. Je suis tiré de ma torpeur par un rugissement effroyable, qui semble partir à deux pas de moi. Je saisis mon fusil ; cette fois, je crois que le tigre est sur l'arbre : il lui est facile de sauter à cette hauteur, et je me prépare à me défendre.

Mais les beuglements déchirants de la vache, le bruit d'une lutte, suivie d'une chute, m'apprennent que c'est à elle qu'il en veut, non à moi. — *Gaurà* (vache), me dit Nela-gachi. Je tire — et j'attends. Au bout d'un instant, il me semble voir une ombre noire se glisser dans le buisson à gauche. Je tire une seconde fois, et un bond dans le fourré me prouve que je ne me suis pas trompé. Le tigre ne s'était pas dérangé au premier coup; il suçait probablement le sang de la vache. En tout cas, je ne crois pas l'avoir touché.

Je dis à Morès : « La vache est tuée. » — « Si nous rentrions? » répond la voix de M. de Boissy, qui ne me paraît pas goûter comme il convient la poésie de la chasse à l'affût. Quant à moi, je ne me soucie pas de me promener dans la jungle à cette heure; Morès partage mon avis, et, comme M. de Boissy préfère ne pas rentrer seul, nous restons.

Mais j'apprends avec regret qu'il n'est que minuit; je n'ai pas encore l'habitude de ces longues attentes. Enfin, il n'y a qu'une chose à faire, se résigner.

Plus rien d'ailleurs, sinon un bruit vers deux heures sous mon arbre. Il me semble entendre marcher. Je suis sur mes gardes. Nelagachi ne sait pas ce que c'est.

La lune se lève, un peu tard, à mon gré ; elle me montre la vache, gisant à terre, et pas le moindre tigre.

Au petit jour, je descends de mon arbre et vais faire une enquête sur les lieux du crime. C'est bien vrai, il ne reste qu'une chèvre. La vache gît, le dos contre le buisson ; elle a sur les épaules les marques des griffes du tigre, et au cou un large trou qu'il lui a fait d'un coup de dent. Il se défiait de la clairière, aussi ne l'a-t-il pas traversée ; il en a fait le tour par les buissons et a sauté sur la vache par derrière.

Nous avons donc passé inutilement une nuit dehors. Mais, pour la première fois, je prends part à un affût véritable, je me trouve presque côte à côte avec les tigres, je les entends respirer, marcher, tuer, — et je trouve beaucoup de charme à ce genre de chasse.

En rentrant au village, un shikari me montre une petite cage en bois sans toit, comme celles qu'on met autour de certains arbres pour protéger les jeunes pousses, et me fait comprendre que c'est là dedans que nous devrions nous placer pour tirer les tigres. Pourquoi non? l'idée est adoptée et mise à exécution l'après-midi même.

Nous repartons, Morès et moi, pour la clairière, précédés de matelots qui portent des piquets et quelques planches. Nous défrichons un petit espace dans la jungle (en 9), et y élevons une cage en bambous d'environ trois mètres de côté. Le devant, qui donne sur la clairière, est garni de planches sur une hauteur de 1^m,20 à partir du sol; les trois autres côtés sont entourés de bouquets de tamarins.

Dans le coin, à gauche, un écartement des piquets sert de porte. En deux heures, l'édifice est achevé. Nous suspendons à l'intérieur nos hamacs, nos couvertures; nous appuyons nos fusils sur le devant, et nous voilà dans la curieuse situation de deux Européens en cage au milieu de la jungle, avec l'espoir de voir les tigres défiler devant eux.

Nous avons avec nous deux chasseurs, dont Diptchaï qui a tenu absolument à venir. Il commence déjà à se montrer digne du surnom de « Père la Carotte » que je lui ai donné et qu'il méritera de plus en plus chaque jour : il mendie des cigares ; puis des allumettes, du sucre, des liqueurs, et ainsi de suite; je ne sais où il s'arrêtera. Tout cela si gentiment qu'il est impossible de se fâcher.

Nous n'avons d'autre distraction que de voir les vautours battre de l'aile dans les arbres, en attendant de prendre part à la curée. C'est passablement lugubre.

La nuit est aussi noire que la précédente. Il commence à faire humide et nous nous enveloppons tant bien que mal dans nos couvertures.

Nous sommes tirés de notre sommeil par Diptchaï, — nous ne dormons d'ailleurs que d'un œil : un bruit pareil à un court frôlement de feuilles nous annonce la présence du tigre. Il a franchi en deux bonds la clairière en biais, enlevant dans sa course la chèvre, sans même lui laisser le temps de crier. Bientôt la tigresse le rejoint, et, toute la nuit, des rugissements alternés scandent des duos d'amour que répercutent au loin les buissons. Ce ne sont pas de vifs transports, des cris d'ardeur : je n'ai jamais rien entendu d'aussi effrayant. Le mâle prélude par de longs hurlèments auxquels la femelle ne tarde pas à répondre avec une sorte d'irritation. Ce n'est encore que l'expression du désir. L'entente se fait ; les animaux se rapprochent et s'accouplent. Alors commencent des grondements prolongés, des râles horribles, où le plaisir semble faire place à la colère. Ces meuglements d'abord sourds s'accentuent peu à peu, et s'élèvent suivant une gamme qui reproduit l'intensité des sensations. Enfin éclatent des cris aigus et furieux que suivent des jurements épouvantables. Imaginez le rut du chat amplifié au delà de toute expression.

Nous tremblons, malgré nous, en nous apercevant que, sur deux côtés de la cage, les bambous sont distants les uns des autres plus que de mesure : un tigre y passerait sans peine. Nous nous plaçons chacun à une ouverture, le calibre 8 à la main, prêts à défendre chèrement notre vie.

Mais le couple est entré dans la période extatique, celle du désir satisfait, et tout rentre subitement dans le silence.

Nous attachons nos hamacs au milieu de la cage, de peur qu'un des tigres en se promenant n'ait la fantaisie d'y passer la patte, quand ce ne serait que pour tâter. Heureusement ils ne songent point à nous, et l'affût s'achève sans accident.

Je n'oublierai jamais cette nuit. Sept fois nous avons été réveillés par les cris des tigres accouplés à quelques pas de nous : quel étrange amour que ce rut de fureur et de rage !

Le matin, au moment où le jour point, nous entendons dans le fourré, de l'autre côté de la clairière, quelques grondements suivis de bruits d'os broyés. Nous suivons l'exemple de Mahomet et nous allons au tigre puisqu'il ne vient pas à nous. Seulement nous exécutons un mouvement tournant pour l'aborder de front, et ne pas risquer, en suivant la lisière, de le sentir tout à coup nous tomber sur le dos. Mais notre prudence gagne le fauve, qui s'enfuit pendant la manœuvre. Nous l'entendons bondir dans le buisson à quelques mètres de nous, sans pouvoir même l'apercevoir.

Le jour grandit, le domestique de M. de Morès arrive apportant du café chaud et de la quinine que nous absorbons avec plaisir. En partant, nous avons la chance de tuer, sur une de nos chèvres mortes, un énorme chat-tigre (*Felis viverrina*), de la taille d'une petite panthère. Au moins ne rentrerons-nous pas bredouille !

Encore une nuit passée inutilement ; mais les émotions vont croissant : cette fois nous avons vraiment coudoyé les tigres ; le reste viendra.

Pourtant c'est en vain que nous reprenons l'affût. Les animaux se sentent guettés, nous ne les entendons pas même au loin. Nous nous décidons à une battue.

Vers sept heures, une trentaine de batteurs se réunissent, Chougran en tête, toujours plein d'ardeur.

Nous passons le layon, laissant le grave Mahmoud dans la cage, à la garde de nos couvertures, traversons la rivière, et gagnons la jungle AF, où le tigre paraît s'être réfugié. Mais nous perdons beaucoup de temps à nous entendre pour organiser la battue ; Chougran est d'un avis, les shikaris d'un autre. Tout le monde crie à qui mieux mieux.

Après un bruit qui eût suffi à déloger tous les tigres de la contrée, on décide de tracer des layons en *b* et en *c*. Voilà tous nos coolies armés de faucilles, de haches et de bâtons, qui se mettent à tailler une route. Il n'y a pas de gros arbres, c'est l'affaire d'une heure. Mais j'ai grand' peur que le tigre, inquiété par le remue-ménage qui se fait en face de chez lui, n'ait filé plus loin.

On règle pourtant la manœuvre : la battue descendra du point *c* au layon *b*. M. de Boissy se place à l'intersection de ce layon et du layon parallèle à la rivière. M. de Morès marchera vers lui avec les rabatteurs. Je resterai entre les deux.

M. de Boissy se place au haut d'un arbre pour dominer la situation... et les tigres éventuels ; il m'engage fortement à en faire autant. Le vieux Diptchaï vient avec moi. Voilà une heure qu'il marche tenant sa bouteille de bière collée à ses lèvres. Aussi est-il très gai. Il m'explique qu'il veut s'asseoir au milieu du layon, sans armes, pour mieux voir.

Pour faire plaisir à M. de Boissy, j'essaye de monter sur un vieux saule. A peine y suis-je depuis deux minutes que les ourmis rouges m'attaquent de toutes parts : c'est à en devenir fou ! J'aime mieux être face à face avec un tigre que d'être ainsi dévoré par des ennemis invisibles. Je me rappelle l'histoire d'un Anglais qui, la nuit, à un affût de tigre, a été tellement torturé par ces maudits insectes, qu'oubliant toute prudence, il a couru se jeter à la rivière. Diptchaï, qui a les jambes nues, refuse d'ailleurs de monter à l'arbre. Nous restons en bas.

Comment vais-je me placer ? La prudence conseille, lorsqu'on chasse à pied, d'attendre le tigre contre la battue, le dos appuyé à un arbre de manière à le tirer par derrière, une fois passé. Mais il me répugne, en présence d'une bête, de reconnaître mon infériorité au point de n'oser la regarder que par l'arrière-train. L'horreur des fourmis aidant, je me poste contre le fourré, de l'autre côté du layon, faisant face à la battue. Le vieux chasseur est accroupi à mes pieds avec un second fusil que j'ai eu bien soin de ne pas armer, car je crains que les fumées de la bière ne le poussent à manier les gâchettes avec quelque légèreté.

La battue commence enfin. Les coolies crient tous ensemble. Leurs vociférations sont dominées par la voix de stentor de l'ardent Chougran. Il m'amuse tout particulièrement. C'est un de ces hommes qui, sans qualités saillantes, se font illusion à eux-mêmes, et communiquent leur foi aux autres. Il ne voit que lui, s'enflamme et entraîne la foule à sa suite. Il ne sait de quels moyens il dispose, il ignore où il veut aller, et pourtant ses ennemis même, ceux qui sont jaloux de lui ou le méprisent, courent malgré eux derrière lui, parce qu'il marche. C'est un entraînement inexplicable.

Ces scènes auxquelles j'assiste dans un petit village à demi barbare me font involontairement songer aux mouvements qui agitent les grandes nations. Une fois de plus je comprends que les hommes sont partout les mêmes, et que, selon l'expression de la Bible, « le nombre des sots est infini » !

Le vacarme est encore renforcé par le bruit

des tambours que quelques-uns ont apportés. C'est une sorte de longue caisse où des cordes faites d'écorce de bambous maintiennent tendue une peau d'igname. L'instrument est assez primitif, mais produit un son mélancolique qui s'entend de loin.

Comme je l'avais pensé, il n'y a rien du tout dans la jungle, le tigre a décampé. Nous poursuivons sans plus de résultat la battue en M et nous rentrons assez fatigués, Morès et moi : voilà vingt heures consécutives que nous sommes après ce tigre; un peu de repos ne sera pas de trop.

IV

Pendant les jours suivants, nous nous rabattons sur le petit gibier : nous chassons le cerf, le sanglier, tirons des oiseaux, circulons en canot et essayons en vain de tuer des crocodiles. A marée basse, nous en voyons fréquemment qui roulent leur ventre débordant sur la vase. Il y en a de fort gros; j'en remarque qui atteignent quatre à cinq mètres. Ils se traînent dans l'eau et rien n'est plus drôle que leur marche lourde et maladroite.

Ils n'ont pas l'air d'appartenir à notre faune :
on dirait des monstres échappés à la lente destruction des siècles, représentants attardés
des époques primitives, contemporains des
Ichtyosaures et des *Plésiosaures*.

Je rencontre aussi des *jungle-fawl* ou coqs
sauvages *(Gallus ferrugineus)* absolument semblables à nos oiseaux de basse-cour dont ils
sont la souche, mais ornés des couleurs plus
brillantes. C'est avec plaisir que j'entends ré-
sonner un gai « cocorico » dans les profon-
deurs d'une forêt vierge.

D'ailleurs, outre ces coqs vraiment sauvages, on trouve ici quantité des volailles
rendues à la vie libre. En effet, dans une
secte très répandue aux Sundarbands, et
considérée comme ayant la religion la plus
grossière, celle des Urias, on a coutume, lorsqu'on a fait un vœu, de lancer dans la jungle
un ou plusieurs coqs ou poules qui redeviennent sauvages. Les Urias sont idolâtres et
panthéistes. Nous aurons d'ailleurs à revenir
sur leur compte.

Le 10, M. de Morès voit enfin un tigre, à
dix mètres de lui, mais sans pouvoir le tirer.

Il était sorti pour chasser dans la jungle, lorsque des matelots sont accourus effarés, lui annonçant qu'un *Bhdg* est près du bateau. Il part aussitôt et, en route, à Khagalagât, trouve deux de nos shikaris, Ratchibullo et Buchirado, qui confirment les assertions des matelots : il y a un tigre en rut dans le bois, de l'autre côté du bateau, et il fait entendre des appels désespérés à la tigresse. Morès entre dans le bois avec les shikaris ; au bout de cinquante mètres, ils lui font signe de s'arrêter et s'accroupissent. Ratchibullo prend un *chali*, — pot sphérique en terre cuite, à col étroit, — et, en criant dedans, imite le rugissement de la tigresse. Le mâle répond, et tout à coup le shikari indique qu'il le voit. Morès commet la faute de se déplacer ; le tigre passe devant lui, contournant un buisson. C'est le moment de tirer : mais le fusil est accroché dans une liane, et lorsqu'il est dégagé, le tigre a disparu.

Cela sert du moins à nous apprendre qu'on peut faire venir les tigres à volonté avec le *chali* ; les chasseurs natifs usent assez souvent de ce moyen pour les tuer. Malheureusement,

la chance nous trahit toujours : nous entendons les tigres, nous les voyons, nous les sentons, — sans pouvoir les tirer.

Nous en sommes réduits à un expédient,
assez humiliant d'ailleurs, et qui ne doit pas
nous réussir, mais il s'agit avant tout de continuer la chasse : un homme a, paraît-il, tiré
un tigre et l'a blessé à la patte; c'est celui-là
que nous poursuivrons.

Après avoir initié les shikaris aux mystères
du winchester *(atta goura bandouk)*, qu'ils ne
manient qu'avec le plus profond respect, nous
nous mettons en marche. Nous formons une
importante flottille de trois pirogues, et na-
geons d'abord de concert sur la grande rivière.

Nos chasseurs fument constamment. Ils se
rencontrent en cela avec les médecins qui
croient que la fumée écarte les miasmes
ténus dont l'atmosphère est remplie.

Leur pipe se compose d'une noix de coco
percée de trous; sur l'un s'emmanche un petit tuyau de bambou, sur l'autre un calumet
en terre cuite. Nos hommes sont de castes
différentes; ils perdraient leur qualité s'ils fu-
maient au même tuyau. Comment faire alors?

Voici ce qu'ils ont imaginé: les Urias fument directement au calumet de terre sur lequel ils forment, au moyen de leurs doigts, un tuyau naturel. La seconde caste fume dans la noix de coco, et c'est seulement la caste plus élevée qui ajoute le brin de bambou. Distinction à bon marché.

Ils sont fort adroits et fument en ramant; pour cela ils tiennent leur rame d'une main prise comme point d'appui, et la font manœuvrer au moyen du pied, étendant et retirant la jambe automatiquement; de l'autre main, ils tiennent la pipe. L'exercice est très curieux. Ils se servent d'ailleurs très habilement de leurs pieds; leur orteil est prenant comme chez certains singes, et je les ai vus grimper à des cocotiers comme à un escalier, s'accrochant à des rugosités que je peux à peine distinguer.

Arrivés au point indiqué, nos hommes descendent dans la jungle à la recherche du *khober* (buisson) où doit se cacher le tigre blessé. Ils reviennent une heure après, nous annonçant qu'il est à un mille de là.

Il nous faut quitter la grande rivière et

nous engager dans une forêt aquatique par de minuscules canaux où nous passons à peine à la file, en glissant sous des arcades de verdure qui nous procurent une ombre exquise. C'est ravissant mais pénible; nous devons à chaque instant passer d'une extrémité du bateau à l'autre, et exécuter un véritable steeple-chase sur des souches à demi-couvertes d'eau, sans parler des branches qui viennent, sans ménagement, frapper nos casques. Nous sommes obligés de faire halte devant un petit sentier de boue jusqu'à ce que la marée nous permette de nous y glisser. C'est pourtant, affirment nos shikaris, un chemin fréquenté par les bateaux; ils le reconnaissent à certaines écorchures régulières produites par le frottement des pirogues contre les troncs des sundris.

En attendant le retour des shikaris partis à la découverte, nous nous couchons à demi et essayons de mettre en pratique le dicton suspect : « Qui dort dîne. » Il fait d'ailleurs délicieux ici : nulle part ailleurs on ne peut trouver de bien-être plus parfait que sur ces courants tranquilles, où, selon le mot du poète, l'on goûte en toute quiétude « le frais ombrage, *frigus opacum* ».

Hélas! le revers de la médaille n'est pas loin. Nos shikaris reviennent nous dire qu'ils « n'en revoient pas »; le tigre a filé. De plus, l'eau est bien arrivée avec la marée, mais elle ne reste pas; à moins de demeurer là, collé pour la nuit, il faut partir. Un gros sundri nous barre la route; tant pis, ce n'est pas le moment de reculer : tout le monde à l'eau ou plutôt à la boue, jusqu'à la ceinture! L'avant de la pirogue est bientôt soulevé, et, en nous asseyant tous à l'extrémité, nous opérons un mouvement de bascule qui triomphe de l'obstacle. Et nous voilà lancés pendant 200 mètres, les uns poussant, les autres tirant; plus de couleur, plus de caste. « Ho! hisse! hardi-là! tenez bon!... » Le mouvement est donné, enfin nous avançons : nous sautons à bord et rentrons dans la grande eau. Il n'était que temps!

Tous ces insuccès ne parviennent pas à nous décourager, et, ayant le 13 au soir un nouveau tigre au rapport, nous prenons la résolution de consacrer à sa poursuite toute la journée du lendemain. Après avoir reçu la visite du prêtre qui nous offre quelques poulets, derniers restes d'offrandes à Khâli, et de son fils qui nous demande du whisky « comme simple médecine contre le choléra », nous partons, Morès et moi, avec quelques shikaris, en canot. L'ardent Chougran dirige l'expédition. C'est auprès de Nokipour que le tigre a tué une vache. Arrivés là, nous nous arrêtons pour tenir conseil : le Papouan propose un « méchaum », il le construira tout seul ; nous le voyons apparaître avec une énorme hache et se mettre au travail. Quant à nous, nous allons constater le meurtre : la vache gît là, en effet, tuée de la nuit.

Sur ces entrefaites, le ciel s'assombrit ; les shikaris, qui vivent dans l'eau, ne se soucient pas d'être mouillés, du moins par un agent céleste. Ils demandent une battue, c'est plus expéditif ; bien que je n'aie guère confiance en ce mode de chasse, nous sommes forcés de céder.

La battue se fera dans le sens de la flèche [1]. Morès se place en tête, commandant le layon.

1. Voir le plan.

Comme il y a quelque chance pour que le tigre cherche à passer le canal en se rendant auprès de la clairière A, un de ses cantonnements favoris, je me dispose à me placer en 14, le long d'un petit ruisseau d'un mètre cinquante de large. La jungle B est très fourrée et assez élevée ; en F, elle est plus basse, et si le tigre saute le ruisseau, je le verrai parfaitement.

Mais je ne sais trop pourquoi Nelagachi me fait revenir en 2, m'affirmant que je serai mieux. Je l'écoute.

J'ai mon 577 et Nelagachi porte mon 8. Dans le coup droit j'ai mis une explosible que Morès m'a donnée, et une balle ronde à gauche.

La battue commence, le Papouan en tête. Deux shikaris tirent en l'air des coups de fusil en D pour déloger le tigre. Cela marche dans de meilleures conditions que les jours précédents : on n'a pas fait de bruit avant l'opération. J'ai auprès de moi, dans la jungle D, une petite clairière ; l'idée me vient que le tigre passera par là, ce qui l'amènera droit sur moi : il s'agit de l'arrêter. Je reprends mon 8 et regarde fixement la clairière.

Un grand bruit de voix se fait entendre dans le bois : — *Bhâg !* Je tourne la tête et vois en *a*, la croupe rousse d'un tigre qui vient de sauter la rivière ; je tire le premier coup ne voyant guère que la queue, et, immédiatement après, le second, tout à fait au jugé. Je ne vois plus rien. Pas le moindre cri. Par ce que j'en ai aperçu je juge que l'animal devait être énorme : mais il est loin, Nelagachi m'a fait signe qu'il n'est pas atteint ; le tirer ainsi à cent vingt mètres était absurde. Ne pas le tirer l'aurait été encore plus ! Allons, il faut toujours suivre sa première inspiration : si j'étais resté en 14, je l'aurais eu à dix mètres.

Morès arrive en courant et me persuade qu'il faut tâcher de « recouper » mon tigre. Nous entrons dans la jungle F, et allons nous poster sur le layon *b*. Tout à coup, Morès me crie : « Du sang ! » J'arrive, voici le vol-ce-l'est, — il n'y a pas à s'y tromper, — et des gouttes de sang dedans ; le tigre est blessé ! Il me prend une envie folle d'embrasser tout le monde, d'attester la terre et les cieux, tant ma joie est grande de ce succès inattendu. Nelagachi no peut en croire ses yeux.

C'est le moment d'être prudent, car le tigre blessé est terrible. C'est folie pure de nous jeter à sa suite, à pied dans la jungle... Mais la passion est la plus forte; advienne que pourra, nous irons jusqu'au bout! Nous rappliquons sur le layon 1, *c*, *g* et jusqu'au sentier qui le coupe. Déception : pas de vol-ce-l'est; le tigre doit être resté dans l'enceinte *a*.

Nous nous plaçons alors en 3 et 4 sur le bord de la plaine, et guettons : à un demi-kilomètre de là se trouve une grande jungle où le tigre ira sans doute chercher un refuge plutôt que de continuer sur la rivière.

Le Papouan enflamme ses hommes et les entraîne, armés de simples bâtons, dans les fourrés : c'est un trait de courage dont je me souviendrai longtemps.

Je tâche de me dissimuler autant que je peux derrière deux arbustes en X; Morès est sur un petit talus en 3. Je dois avouer que nous sommes assez anxieux et que le moindre mouvement de feuilles nous fait dresser l'o-reille. Mais voici nos batteurs, la mine décon-fite : le tigre n'est pas dans l'enceinte.

Parbou, le domestique de Morès, que nous avions envoyé au bateau, arrive à ce moment et nous annonce que le maître de poste a vu le tigre près du petit pont. Nous marchons dans cette direction et rencontrons le maître de poste qui nous confirme son dire. Cette indication nous permet de retrouver le vol-ce-l'est frais du tigre à l'est, en *f* et bientôt en 9. Je m'embarque aussitôt pour suivre, en *dingui* sur la grande rivière, les chasseurs qui descendront parallèlement la rive. Mais la marée est basse et il me semble apercevoir, de l'autre côté, sur la boue quelques traces ; j'y vais et je constate, en effet, que le tigre a traversé l'eau et est entré en *i*. Notre plan s'en trouve modifié du coup : j'appelle Morès et, en deux ou trois voyages nous débarquons, nous et les batteurs, dans une belle fange où nous entrons jusqu'aux genoux. Pour comble de malheur, la jungle H est inextricable: des houx enchevêtrés dans d'autres buissons épineux ; impossible d'avancer.

Nous tournons en *o* et venons nous placer en 15 et 16, tandis que les hommes essaient une battue ; la tentative reste infructueuse.

C'est en vain que Chougran le Papouan, saisit par le canon sa longue pétoire et, la faisant tourner comme une massue, s'en sert pour battre les fourrés; en vain que Diptchaï, à l'instar du Petit Poucet, monte en haut d'un arbre et cherche à percer la profondeur des taillis : nous entendons bien remuer dans le fourré, mais est-ce le tigre qui remue?

Que faire donc? tout plutôt que d'abandonner la partie. A moi, Danton! « De l'audace, encore de l'audace, toujours de l'audace », et la bête est à nous! Nous jouons notre vie contre la sienne, à pile ou face. Quelque chose me dit que c'est nous qui gagnerons.

Morès retourne en *i*, donne son fusil à un homme et, entrant dans la jungle, le couteau à la main, se fraye une voie sur les traces du tigre.

Je reste d'abord en observation, mais cette inaction me pèse; l'idée me vient d'inspecter la rivière 17. Je descends dans ce petit ruisseau de 1^m,50 de large, dont la fange retient mes bottes tandis que l'eau me trempe jusqu'à la ceinture. N'importe, il faut avancer, et nous faisons ainsi, Nelagachi et moi, un kilomètre, tandis que Morès est en train d'étouffer de chaleur, dans cette jungle où l'air pénètre à peine.

Cette double exploration aboutit à un nouvel échec : le tigre s'est évanoui ; il a dû sauter en M. Pour le retrouver, Nelagachi suit la berge de la grande rivière de M en 7, tandis que j'appelle Morès et le rejoins en 17.

Nous y tenons un dernier conseil de guerre. Il est cinq heures et demie ; nous n'avons donc plus qu'une demi-heure de jour. De l'avis des shikaris, il faut rentrer, c'est fini. Je demande à attendre seulement le retour de Nelagachi et nous nous plaçons en 18 : là s'ouvre, jusqu'à la rivière, une espèce d'allée où la jungle est coupée sur une largeur de dix mètres.

Nelagachi revient, annonçant que le tigre est resté dans la jungle I. Qui sait ? la jungle est petite, nous avons un bel espace pour tirer ; pourquoi n'essaierions-nous pas une suprême battue ? C'est décidé. Les batteurs vont se placer en M, Morès se met en 6 et moi en 7. Je suis entièrement à découvert, à quinze ou vingt mètres de tout arbre; je puis tirer le tigre du côté de Morès, et je commande en même temps la rivière. Je prends mon 8, Nelagachi est derrière moi avec mon 577. Je lui ai bien recommandé, si le tigre charge, de tirer lui-même; il a compris et ne se fera pas prier si l'occasion se présente. La battue commence ; les cris de Chougran viennent jusqu'à nous en même temps que quelques coups de fusil tirés en l'air.

Au bout de quelques minutes, le vacarme s'étant calmé, je perçois un bruit de pas, à une quarantaine de mètres, devant moi dans le bois ; le terrain est marécageux et l'on distingue une sorte de clapotement comme en pourraient produire les pattes d'un animal en marche : c'est le tigre, je le sens; — *Bhâg*, dis-je le premier à Nelagachi. Il me serre le bras et me fait signe de ne pas bouger. C'est un vrai chasseur, il est tremblant d'émotion. Comme je n'entends plus rien et que je me tourne, regardant la rivière, il me pousse le coude et me dit tout bas de ne pas perdre un instant de vue le buisson qui a remué; lui-même arme son fusil et se penche en avant, cherchant à percer de son regard l'épaisseur du fourré.

Je n'ai pas peur, car je me sens capable de tirer de sang-froid, et j'ai derrière moi un homme sur qui je peux compter : pourtant je crois qu'il est difficile, en pareil cas, de se défendre d'un certain trouble, et je conseille à ceux qui n'ont jamais visé un tigre que confortablement assis sur un éléphant, ou à cheval sur une branche, à ceux qui disent : « Peuh ! le tigre, ça se tire comme le lapin », d'essayer un peu de le chasser à pied : s'ils sont sincères, ils m'en diront des nouvelles !

Je fais signe de la main à Morès qui s'approche à une trentaine de mètres de moi. Diptchaï le suit, encore plus excité que nous tous. Quant à Parbou, il grimpe comme un singe au sommet d'un arbre ; il a d'ailleurs parfaitement raison : sans armes, comme il est, c'est ce qu'il a de mieux à faire.

Le clapotement recommence ; le tigre se promène à vingt mètres devant nous, de long en large, c'est évident : il nous sait là, il entend le bruit des batteurs et hésite à sauter. Je le crois aussi anxieux que nous. Du reste, il est blessé et nous pouvons être sûrs que s'il sort, ce sera pour marcher sur l'un de nous. Heureusement, il y a un découvert de quinze mètres, et nous le verrons avant qu'il prenne son élan. Et puis, en somme, quatre fusils sont braqués contre lui.

Soudain, il s'arrête et semble se décider : Morès met sa carabine en joue; voit-il bien où il tire ? je suis anxieux. Il rabaisse le canon, puis, avançant d'un pas vers moi, remet en joue, vise quelques secondes et fait feu. Un épouvantable rugissement répond au coup : le tigre est touché! Morès alors s'approche, et tire une seconde fois, tandis que j'accours, tâchant de dépasser Nelagachi que son instinct entraîne. Rien ne bouge plus dans le fourré, mais la jungle retentit de gémissements de douleur et de colère, qu'on doit entendre à plusieurs milles aux alentours. J'ai raconté comment, durant deux nuits, j'avais assisté aux concerts dont les tigres remplissaient les bois : ce n'était rien encore auprès des cris du blessé d'aujourd'hui.

Nous pénétrons dans le buisson, le fusil en joue, et, dans un espace découvert, étendus sur la boue, nous voyons le tigre se tordre dans les dernières convulsions de l'agonie. Nos chasseurs nous retiennent, il n'est pas prudent d'avancer : même alors un coup de griffe est redoutable. Nous lui remettons presque simultanément deux balles dans la tête ; la peau sera peut-être endommagée, mais nous ne pouvons nous retenir. Quelques mouvements encore, et le cadavre s'étale, inerte.

Hallali ! hallali ! Les shikaris bondissent, et nous partageons franchement leur joie. Pour moi, bien que nous ayons, le mois suivant, tué vingt-un tigres, à dos d'éléphant, jamais de ma vie je n'ai ressenti une émotion comparable à celle-ci.

Songez donc que c'est le premier tigre que nous tuons, et que voilà deux nuits que nous le poursuivons ! Nous l'avons d'abord guetté vingt heures de suite, puis nous avons fait dix battues inutiles après lui ; aujourd'hui enfin nous avons risqué tous les dangers pour l'atteindre : comment ne nous serait-il pas cher ?

C'est bien la tigresse que j'ai tirée le premier ;

je reconnais ma balle qui lui a traversé la cuisse. L'animal est superbe, d'un jaune tirant sur le roux, avec une fourrure douce et fine admirablement rayée. Je l'examine, la touche, la tire, la palpe. Enfin je vois de près un fauve, ailleurs et autrement que dans une ménagerie. Quelles pattes énormes avec ces griffes rentrées! Les crocs ont plusieurs centimètres de longueur; il en manque un que nous avons brisé avec une de nos balles. Morès a logé les deux siennes à l'épaule; ma dernière est au-dessus de l'œil.

Les batteurs qui ont entendu les coups de fusil accourent. Ils nous entourent, regardent la tigresse, la caressent, et crient comme de grands enfants qu'ils sont. Chougran surtout ne se tient pas de joie, il exprime son contentement en tâchant de crier plus haut que les autres. On ne s'entend plus, dans ce tohubohu : — *Bhâg mara, bhâg mara!* (Le tigre est mort!) Tout le village de Mahmoudpour accourt, le babou en tête : c'est le fils du vieux Bamacheran. On nous félicite tour à tour. Les yeux de Diptchaï pétillent de joie. Il cligne des paupières et se met à rire, non sans nous demander un cigare.

Quant à Parbou, il est descendu de son arbre et reste silencieux pour marquer qu'il est d'une classe supérieure à ces gens-là !

On nous apporte des branches de cocotier chargées de fruits, en guise d'emblème triomphal ; elles ne sont malheureusement pas portées par des jeunes filles, comme le sont toujours les palmes dans les tableaux symboliques. Nous tirons nos couteaux, pratiquons le trou d'usage dans la noix et buvons à même.

Mais voici une autre difficulté ; il faut enlever d'ici le tigre. Je lui arrache d'abord les moustaches que je ferai remettre à Paris ; sans cette précaution, les natifs s'en emparent et les font sécher pour en fabriquer un poison dangereux.

Tout le monde donne son avis sur ce qui reste à faire. Les uns veulent traîner le corps, les autres le porter ; chacun gesticule et personne ne fait rien. Nous sommes obligés d'intervenir. Nous enlevons les bretelles de nos fusils et nous en servons pour attacher les pattes deux à deux ; puis, passant une gaule par-dessous, nous confions le fardeau à quatre hommes qui l'amènent jusqu'au bateau, mais avec quelque peine, car il est fórt lourd. Dip-tchaï les précède comme caporal.

Le soleil se couche et je regrette de ne pas avoir mon appareil, car il n'y a rien de plus joli que cette tigresse, la tête penchée et la gueule ensanglantée, portée par ces quatre robustes Hindous : sous cet effort, les muscles de leur torse se tendent et saillent, et nous pourrions nous imaginer que nous assistons à quelque scène de l'âge de pierre, d'autant que, pour augmenter l'illusion, quelques villageois nous suivent, tout nus, un arc à la main. Nous couchons l'animal au fond du bateau et cherchons à nous y installer à notre tour. Mais nous ne pourrons jamais traverser la rivière : le *dingui* est plein jusqu'au bord et fait eau de toutes parts. Morès et moi redescendons ; nous serons plus vite rentrés à pied.

C'est nuit noire quand nous regagnons notre bateau. Nous voulons pourtant procéder aussitôt à la toilette de cette belle dame dont la robe est souillée de boue : heureusement ce n'est pas un « irréparable outrage » qui la déparc; sous l'action de l'eau et du savon, le jaune reparaît, les raies se dessinent et la tigresse se retrouve avec tous ses atours pour être portraiturée le lendemain.

Nous la soulageons de ses entrailles, ce qui ne nuira en rien à la photographie. Mahmoud attend anxieusement ce moment : nous lui abandonnons les restes, et il se jette dessus un couteau à la main. C'est qu'un tigre a bien des propriétés, — un tigre mort s'entend : le foie donne du courage, le fiel sert de médecine, donne de la virilité et guérit l'impuissance; la graisse est souveraine pour les rhumatismes. Nous n'ouvrirons le crâne que demain : l'affaire est d'importance, car la cervelle est une panacée universelle ; les femmes enceintes surtout s'en trouvent bien. Au cours de son travail, Mahmoud nous apprend qu'on connaît l'âge d'un tigre au nombre des lobes du foie : celui-ci aurait neuf ans. Sanderson met en doute ce signe : je ne sais ce qu'il faut en penser.

Enfin, nous allons nous coucher, ayant bien gagné notre repos.

V

Après cette mémorable journée, nous restons encore une semaine dans ces parages, sans résultats, mais non sans incidents. Nous sommes d'ailleurs dans un état bien misérable : nos vêtements sont trempés, déchirés, coupés ; toujours absents du bateau, nous n'avons pu surveiller nos provisions ; elles commencent à manquer ; nous n'avons plus de vin ; et, comme l'eau du pays est dangereuse, nous en sommes réduits à ne boire que de la noix de coco. Heureusement, nous n'en manquons pas, le grand prêtre nous en envoie presque chaque jour, mais si ce breuvage est frais, il est également fade, surtout aux repas. Parfois, nous le remplaçons par du lait de buffle, que les villageois de ce pays mettent dans des pots de cuivre ; l'odeur en est très prononcée. Nous nous nourrissons de riz et de filets de cerf. Nous avons même mangé de la tigresse ; et, en dépit des assertions de M. de Boissy, je trouve que c'est une excellente viande qui a le goût de veau.

Au surplus, nous ne restons guère sur notre bateau-maison.

Le 10, nous partons, Morès et moi, sur la pirogue d'Hakim et Chaïem. Ce dernier a trouvé une piste de rhinocéros ; il en est assez fier, car ce gibier est rare par ici. On sait d'ailleurs que les Sundarbands sont la seule région de l'Inde où l'on trouve le *Rhinoceros Sundicus*, propre à la Malaisie, plus petit que l'*Indicus*, et portant deux cornes.

La piste actuelle est vers Dunkali. Dunkali est une rivière sortant d'un petit étang nommé Koultoli ; pendant la chaleur, c'est la seule place de la contrée où les animaux trouvent de l'eau douce. Aussi ne s'en écartent-ils pas.

Nous débarquons avec peine, la boue est glissante et collante ; il ne nous sera pas difficile de suivre la trace des rhinocéros. Nous retrouvons de suite le vol-ce-l'est ; les animaux doivent être forts à en juger par leurs empreintes toutes fraîches, des trous de quarante à cinquante centimètres de profondeur sur trente de diamètre.

Nous nous avançons en file indienne, Chaïem en tête, puis moi, Morès, et les autres shikaris. Mais la marche est pénible ; nous sommes obligés de nous traîner sous des palmiers épineux et nous faisons beaucoup de bruit en retirant nos bottes de la boue ; nous luttons aussi contre des racines de sundris, montant en stalagmites, entre lesquelles il faut trouver la place pour mettre le pied, et qui craquent à chaque pas.

Nous arrivons ainsi à une petite clairière que nous sommes obligés de traverser dans

les hautes herbes où nous disparaissons entièrement ; des tamariniers y sont à demi enfouis. Nous ne sommes guère rassurés, car
nous reconnaissons des traces de tigre toutes
fraîches, et l'on n'y voit pas à un mètre de
distance ; c'est à peine si nous pouvons nous
suivre les uns les autres.

Aussi est-ce avec plaisir que je rentre dans
le bois. Chaïem nous conseille de nous arrêter
tandis qu'il va en reconnaissance avec Hakim.
Nélagachi et Ratchibullo ne nous quittent pas.
Nous nous installons tant bien que mal sur un
gros sundri couvert d'orchidées.

Hakim revient au bout de trois quarts
d'heure : — *Ghanda déka* (j'ai vu les rhinocéros), et il nous fait signe qu'ils mangent. Il
ajoute qu'il ne faut pas faire de bruit. Nous
voilà bien malheureux, car nos grosses bottes
produisent un vacarme épouvantable ; plus nous
nous efforçons de marcher légèrement, moins
nous y réussissons. Il faut traverser une quantité de petits fossés naturels. Nous y enfonçons
jusqu'au-dessus des genoux et nous retirons
nos jambes avec peine, tandis que la vase se
remplit d'eau en faisant un glouglou bruyant.

Nos shikaris font des gestes désespérés : eux glissent sans qu'on les entende ; il est vrai qu'ils sont absolument nus et qu'ils ont une grande habitude de cette marche.

Ils nous offrent alors d'aller tuer les rhinocéros à eux seuls. Nous refusons avec indigna-tion cette proposition déshonorante : tout ou rien.

Ils se contentent donc de nous montrer la direction, qu'indiquent d'ailleurs suffisamment les traces. Les rhinocéros ne doivent pas être loin, mais ces diables de chasseurs ont un air de doute et d'ironie qui nous inquiète.

Pour augmenter notre malchance, nous avons à traverser de grandes fougères séchées ; elles s'accrochent à la laine de nos vêtements et c'est un craquement continu de feuilles mortes. Je fais signe à Morès de s'arrêter un instant. J'entends à une trentaine de mètres sur la gauche cette sorte de grognement que font les animaux qui broutent ; je distingue même une forte respiration : nous touchons au but. Mais nous voulons trop nous presser ; du reste, nous ne faisons guère moins de bruit en allant plus lentement...

Tout à coup un grand mouvement se produit dans le buisson, le sol tremble, frappé lourdement et régulièrement : ce sont les rhinocéros qui décampent ! Nous ne pouvons les voir; ce doivent être des masses énormes : on dirait d'un régiment de cavalerie au galop. Le temps nous manque pour les poursuivre; ce sera pour une autre fois, mais nous changerons de méthode. Nous cernerons les animaux et marcherons sur eux de trois côtés différents ; il faudra bien ainsi que l'un de nous au moins ait chance de tirer.

Le 18, nous repartons de fort bon matin pour un déplacement de quatre à cinq jours. Nous abandonnons M. de Boissy : il a d'ailleurs d'aimables compagnons dans la personne de l'ardent Chougran, du vieux Bamacheran et de son fils.

Cette fois nous redescendons vers la mer. A certains endroits la rivière a plus d'un kilomètre de large; elle est toujours bordée par la même jungle avec les mêmes petits palmiers.

Nous sommes témoins, dans ces parages, d'une scène assez amusante. Une buse décrit des cercles autour de notre steamer, cherchant à ramasser quelques détritus : un coup de fusil la fait tomber à l'eau. Aussitôt surgit, de je ne sais d'où, un grand aigle dont la présence nous avait échappé; il fond sur la buse et l'enlève dans ses serres. Nous le blessons à son tour; il répond à nos coups de fusil par des cris de douleur, mais ne lâche pas sa proie et va tomber mort à côté d'elle sur le rivage, où quelque fauve les mangera tous deux. Ainsi va le monde : partout la lutte pour la vie.

Nous croisons un grand train de bois : bateaux plats, chargés à l'avant de rouges bûches de sundri; à l'arrière, la cabane recouverte de feuilles de *Phœnix padudosa*. On voit parfois, le long de la rive, dix et quinze radeaux de cette espèce qui attendent leur chargement pour se mettre en route.

Nous traversons un petit canal, semblable à Hari-Kali, qui nous livre tout juste le passage, et nous retombons dans une rivière plus grande encore que la précédente. Le paysage s'élargit, la masse d'eau est immense: c'est à peine si, d'une berge, nous pouvons apercevoir l'autre. Les arbres aussi s'élèvent. Nous contournons l' « île des Orynns », entièrement boisée; les arbres sont, pour la plupart, des *kaoras*, dont le feuillage rappelle celui du chêne, mais nous paraît plus léger, plus délicat. L'îlot paraît intéressant, et nous regrettons que le temps nous manque pour le visiter. Il n'est probablement connu que des chasseurs indigènes qui l'ont baptisé.

Nous tournons encore une fois et nous nous engageons dans un nouveau canal étroit, où nous jetons l'ancre, vers six heures du soir...

Ce n'est pas le cas de dire avec Lamartine : « Le soir ramène le silence », — ici le silence règne toujours, — mais un grand calme descend sur la jungle et sur le fleuve. Il fait frais, le clair de lune est superbe et les palmiers, projetant leurs ombres sur l'eau, semblent grandir et prendre des formes fantastiques.

Les chasseurs, assis à l'arrière, s'égaient en se racontant à voix basse leurs aventures. De temps à autre, l'un d'eux rompt la tranquillité de la nuit en imitant dans son chati le cri rauque du tigre qui appelle sa femelle; bien qu'ils en aient une longue pratique, les shikaris s'amusent encore de cette imitation et sourient en parlant du *bhâg*. A ces feints rugissements ne répondent, d'ailleurs, que les beuglements plaintifs des deux victimes que nous avons offertes en sacrifice aux tigres. Je songe que c'est peut-être la première fois que ces bois auront été foulés par des blancs, que ces eaux tranquilles auront frémi sous le choc de l'hélice... Et je m'endors de bonne heure en rêvant de charges de tigres et de trophées de peaux.

Le lendemain nous rencontrons une pirogue montée par deux chasseurs d'orynns. Ils s'arrêtent et écoutent les récits merveilleux que nos shikaris avaient déjà faits à Moïem et qu'ils renouvellent à leur intention.

Il est curieux de voir comme cette race a le type européen ; je ne puis croire que ce soient de vrai Bengalis. Un de ces deux chasseurs reçoit immédiatement de nous le surnom de « l'officier de marine » : avec ses grands favoris, il a absolument la tête de certains lieutenants de vaisseau de ma connaissance ; ce serait à s'y tromper si son teint était plus clair.

Je remarque leur ancre, de forme vraiment curieuse. C'est un paquet de briques superposées et retenues par quelques morceaux de bois qui se croisent. Ils ont toujours le même matériel : un pot en terre pour faire cuire le riz, une pipe en noix de coco pour deux, deux fusils à amorce, une petite provision de poudre. Pour dormir, ils forment un pont sur leur embarcation avec des tiges de bambous qu'ils mettent en travers, et s'étendent dessus.

Rien au rapport: Malgré tous les calculs, il paraît que nous ne sommes pas au bon endroit : notre « capitaine » s'est trompé volontairement, — pour gagner quelques heures sans doute. Et puis le gibier a été dérangé ici par les coupeurs de sundris. Tant pis, nous en sommes quittes pour avoir fait une jolie promenade.

A notre retour, Chougran nous signale la présence d'un tigre près de Kudumtolli, et nous repartons immédiatement.

Kudumtolli est un petit village de quelques huttes, habité par les Uryas. Une mare et un gros arbre constituent la place publique ; deux mottes de terre séchée, que j'avais prises

9.

pour des taupinières, en sont à la fois l'église,
l'autel et les dieux.

La religion est grossière, mais les habitants
sont de braves gens. Ils nous apportent des
œufs que nous mangeons crus et nous offrent
l'hospitalité dans une de leurs huttes. Une
vaste natte sur quatre piquets y représente le
lit; c'est là tout le mobilier. Trois ou quatre
cavités creusées dans le sol servent à différents usages. On nous apporte du lait, dans
un pot de cuivre qui lui donne une odeur
intolérable, et un curry auquel je puis à peine
toucher, tant il est fort. Nous sommes naturellement obligés de remplacer par nos doigts
toute cuiller ou fourchette. Nous avons de la
couleur locale plus que nous n'en voulons.

Quant au tigre, il est bien venu le soir revoir
une vache qu'il a tuée la veille, mais, lorsque
nous arrivons à l'affût, il a disparu. Nous
n'en restons pas moins pendant quatre heures,
immobiles au pied d'un arbre. La lune brille
dans tout son plein quand nous revenons à
deux heures du matin, et nous rentrons droit
au village.

Le lendemain, nous nous enquérons de la

manière dont le « seigneur » a passé la nuit :
aux traces, nous le trouvons chassant un
sanglier à courre ; il a sauté à l'eau avec lui,
et les vautours qui planent au-dessus d'une
île boisée, nous indiquent que le gibier est
tombé là. De plus, les cercles que décrivent
ces oiseaux en l'air nous font conclure que
le chasseur garde sa proie.

Une battue est aussitôt décidée. Morès la
dirigera, je resterai sur l'autre bord, et l'un
de nous forcément tirera le tigre.

Malheureusement, nos hommes, quoique
animés des meilleures intentions, comprennent mal nos mouvements. Ils font trop de
bruit en allant prendre la battue. J'entends
successivement bâiller, puis rugir le tigre et
tout rentre dans le silence : je parierais qu'il
est parti.

J'en suis réduit pendant deux heures à
regarder, à mes pieds, auprès de la berge, une
petite anguille qui saute au-dessus de l'eau ;
c'est une espèce de lançon, vivant dans la
vase. On emploie ici un curieux procédé pour
prendre ces poissons : les pêcheurs piquent

dans la boue, à marée basse, un tube de bambou ouvert aux deux extrémités ; l'anguille voit un trou et s'y réfugie ; à la marée basse suivante, le pêcheur passe sa main sous le tube, bouche les deux orifices et prend l'animal.

Enfin nous rentrons au bateau qui, durant cette journée, a doublé la boucle, et se trouve maintenant de l'autre côté d'Issoripour. Nous sommes heureux de le rejoindre : depuis plusieurs jours nous avons peu mangé et peu dormi; commence à faire très chaud, et les courses sont pénibles.

Le temps passe d'ailleurs; il faut songer à regagner Calcutta. C'est avec peine que je quitterai cette région, hospitalière malgré ses dangers, les braves chasseurs qui se sont attachés à nous, et surtout la vie sauvage qui a tant de charmes pour moi.

Chougran vient nous faire ses adieux, mais nous ne reconnaissons plus notre Papouan : pour la circonstance, il a cru devoir arranger sa coiffure inculte et l'a arrosée de flots d'huile afin de la séparer en deux. La civilisation lui fait tort. Il nous offre des boulettes de farine sucrée, et nous souhaite mille prospérités. Quant aux autres shikaris, ils sont très émus de notre départ : ils ont conçu une grande estime pour nous. Nous leur promettons de revenir.

Le grand prêtre regarde d'un œil d'envie les gratifications que nous leur faisons; mais nous craindrions d'offenser sa dignité en lui offrant de l'argent et il s'en va, les mains vides.

Son fils est pressé de nous quitter : il craint que nous ne l'emmenions à Calcutta où l'attend, paraît-il, une épouse encore vierge et peu désirée; nous le rassurons en le débarquant chez lui.

Le 24, nous rentrons à Port-Canning sans autre incident que la rencontre de quelques bateaux de sundris que nous avons grand'-peine à éviter. Nous sommes aussi arrêtés à un petit village par le babou : il demande notre aide pour chasser un tigre qui a tué un homme, dans la journée même, auprès du village. Nous sommes flattés de voir que notre réputation s'est ainsi étendue au loin; mais la jungle est trop grande : il nous faudrait plusieurs jours pour la battre. Nous passons outre, avec regret.

A Port-Canning, nous rencontrons un Père jésuite qui passe la soirée avec nous. Il s'étonne beaucoup de nous trouver ici et en bonne santé : c'est le pays le plus malsain des Indes ; on n'y envoie que les missionnaires qui ont vécu quatre ou cinq ans dans ces contrées et qui sont accoutumés au climat des tropiques.

Nous sommes heureux de trouver avec qui causer librement. Le Révérend Père nous donne des renseignements très intéressants.

Il y a vingt et un villages catholiques aux Sundarbands : les Hindous aiment mieux nos prêtres que les pasteurs protestants, parce que le catholicisme n'admet pas le divorce. Mais pour les conversions, la principale difficulté est dans les castes ; on considère les chrétiens (les *Christians*), comme formant une caste à part, basse et méprisée. Les jésuites d'ailleurs, ici comme en Chine, essayent d'adapter la religion aux coutumes du pays.

Le Père nous vante les mœurs des habitants des Sundarbands : ils ont beaucoup de pudeur ; les concubines sont rares. On a pourtant à déplorer les nombreux avortements, pratiqués au moyen de certaines herbes.

Par malheur, il ne faut rien attendre des tribunaux, qui sont complètement corrompus. Il n'est pas rare qu'un assassin aille raconter son crime au juge en payant son silence.

On accoutume les enfants en bas âge à supporter le soleil ; le nouveau-né est exposé tout nu devant la maison. Le sevrage donne lieu à une curieuse cérémonie : le prêtre hindou vient donner à manger à l'enfant sur une roupie. Il va sans dire que celle-ci est fournie par les parents et gardée par l'officiant.

Si cette population a quelques qualités, elles restent encore au-dessous de ses défauts. Le vol et le mensonge y sont en honneur ; ce sont presque des arts, et les habitants ne comprennent pas qu'il puisse en être autrement ; l'idée de restitution ne peut pas entrer dans leur esprit Il y a même des villages de brigands, sorte de forteresses dont les habitants vivent aux dépens des populations qu'ils rançonnent. On n'ose pas les attaquer, car ils sont organisés pour se défendre. La justice ne s'en mêle jamais et, d'ailleurs, on ne trouverait pas de témoins contre eux.

L'agriculture n'est pas prospère, malgré la condition facile qui est faite aux propriétaires, loin de toute civilisation, de toute charge et de tout impôt. Les indigènes défrichent parfois tant bien que mal un coin de terre, y font une récolte de riz, et l'abandonnent ensuite.

Nous remercions le Père de ces renseignements et prenons le train pour Calcutta.

En somme, nous rentrons enchantés et non sans raison. Avant nous, quelques Anglais sont venus aux Sundarbands avec des gens qui connaissaient le pays. Ils se sont servis de méchaums et n'ont rien tué. On haussait les épaules lorsqu'on nous a vus partir : nous abordions, sans apprentissage, la chasse la plus dangereuse et la plus difficile qui soit aux Indes. Eh bien, à eux tout seuls, sans guides, sans renforts, ces trois Français, nouveaux venus dans la contrée, ont traversé les Sundarbands et tué un tigre à pied.

Je suis tombé quelque temps après sur un livre de chasse fort intéressant, où il est plus d'une fois question de la contrée où nous avons évolué. Il est écrit par Simson, un des compagnons de Shillingfort, le célèbre tueur de tigres; son opinion paraîtra intéressante :

« Peut-être les tigres sont-ils plus nombreux
» aux Sundarbands que nulle part ailleurs
» aux Indes. Mais la contrée est en général
» si malsaine et a une si mauvaise réputation
» dans tous les sens, qu'elle ne peut servir au
» sport des Européens...

» Le juge de Backergunge (un grand chas-
» seur), refusa d'aller chasser le tigre seul
» dans les Sundarbands...

» La chasse au tigre, à pied, dans ces jungles
» demande du jugement et du soin ; et, si l'on
» considère la nature mortelle de la fièvre
» presque toujours contractée dans ces marais
» pestiférés, on conviendra qu'il vaut mieux
» laisser en paix les tigres des Sundarbands. »

Nous ne sommes pas les premiers à avoir imaginé une cage pour attendre le tigre, Simson nous l'apprend :

« Quand les Ameers du Scind se trouvaient
» en surveillance dans les environs de Cal-
» cutta, aux premiers jours du gouvernement
» de lord Dalhousie, ces gentilshommes, qui
» aimaient le sport et sortaient fréquemment
» de Calcutta avec des fox-hounds, avaient
» fait fabriquer des cages de fer. On les
» portait à certaines places dans les Sundar-
» bands, là où les tigres étaient le plus nom-
» breux et où l'on avait disposé des ani-
» maux pour l'affût. Un Ameer y entrait
» alors, s'y faisait enfermer et restait dans
» cette cage tout une nuit de clair de lune.
» De cette manière, m'a-t-on dit, les Ameers
» tuèrent de nombreux tigres. Mais je n'ai
» jamais su qu'un Européen se fût livré à ce
» genre de sport ; il ne m'aurait pas convenu,
» je serais mort de la fièvre des Sundarbands. »

Quant à la chasse à pied, voici ce qu'il en
dit :

« Quelque bon fusil que soit un chasseur,
» qu'il mette sa balle où il veut, qu'il soit
» assez sûr de ses nerfs pour se tenir immo-
» bile comme une machine et ne pas sentir
» croître ses pulsations quand il voit un

» grand tigre venir sur lui, — un tigre qu'il
» faut non seulement blesser mortellement,
» mais tuer sur le coup, — cet homme est,
» à mon avis, un fou, de s'exposer à un
» tel risque. »

Sanderson, qui est également un maître
pour la chasse du gros gibier, n'est pas de
cet avis :

« La chasse à pied, dit-il, ne peut jamais
» être un sport entièrement sûr ; mais un
» sportsman n'est pas supposé regarder à sa
» sécurité complète en toute occasion, pas plus
» que ne fait un soldat. Il y a toujours une
» chance à courir ; bien conduite, la chasse à
» pied n'est pas un de ces amusements dan-
» gereux qu'on est tenté de considérer comme
» insensés. Pour ma part, j'ai eu la chance
» de tuer à pied bon nombre de tigres »

Voilà les deux opinions en présence. Je
crois que Sanderson a raison : si la chasse
à pied demande des précautions, elle n'est
pourtant pas une folie. En tout cas elle est
le premier des sports ; c'est le danger qui en
fait l'attrait. Nous allons, le mois suivant,
tuer vingt et un tigres, à éléphant, avec tout

le confort possible ; jamais, pendant ce mois, je ne m'amuserai autant que pendant les trois semaines que je viens de raconter.

Si je puis revenir aux Indes, ce sera pour chasser le tigre, à pied, aux Sundarbands.

CHASSES AU NÉPAUL

I

Le duc d'Orléans. — Le colonel de Parseval. — Difficultés pour organiser une chasse aux Indes. — Permission pour le Népaul. — Membres de l'expédition : MM. Williams, le docteur Forsyth. — Les Hindous. — Armes et bagages. — Départ. — Arrivée à Purneah. — En route pour le camp. — Incidents de voitures. — A éléphant. — Le premier camp.

En arrivant à Calcutta, je trouve mon cousin le duc d'Orléans qui nous attend à Government House. Il est arrivé depuis dix jours et a d'abord pensé à nous rejoindre aux Sundarbands; mais lord Dufferin l'en a dissuadé : le temps lui eût manqué et aussi l'équipement, pour une expédition de ce genre.

Fils aîné du comte de Paris, le duc d'Orléans a été personnellement exilé en 1886, par la même loi qui frappait son père. Il n'a pas voulu renoncer au métier militaire, et, après un an passé à Sandhurst (le Saint-Cyr de l'Angleterre), il est parti pour les Indes afin de faire un stage dans un régiment de Rifles. Aussitôt débarqué à Bombay, il a pris la route de Calcutta où il savait nous rencontrer.

Il ne doit entrer dans son régiment que dans deux mois; aussi accepte-t-il avec enthousiasme la proposition que je lui fais de l'emmener avec moi au Népaul. Tireur hors ligne, chasseur passionné, il sera pour moi l'idéal du compagnon. Nous sommes presque du même âge, nous avons les mêmes goûts; quel bonheur ce sera au fond des jungles du Népaul, au pied de l'Himalaya, de causer ensemble de nos jeunes années, de nos parents, de notre pays! Nous nous redirons le passé — bien court, nous rêverons de l'avenir — illimité.

Le duc d'Orléans est accompagné de M. de Parseval, ancien colonel dans l'armée française, qui a donné sa démission pour suivre mon cousin aux Indes. Au régiment tout le monde l'a regretté, ici tout le monde l'aime. Bien que peu enthousiaste pour la chasse et tireur ordinaire, sa présence ne sera pas inutile parmi nous : son autorité douce et souriante saura mettre fin aux petites querelles qui pourront surgir, et son égalité d'humeur sera toujours pour nous un charme et un exemple.

Nous voici donc six Français à Government House : le duc d'Orléans, le marquis et la marquise de Morès, le colonel de Parseval, M. de Boissy et moi. Nous allons chasser tous ensemble : ce sont de nouveaux préparatifs dont il importe de nous occuper sans retard. Le mieux est de ne rien négliger, car il est probable que nous ne pourrons jamais recommencer l'expédition que nous allons faire, et que peu de personnes la referont après nous : il faut profiter de l'occasion.

Le concours de lord Dufferin nous est infiniment précieux : le mode de chasse, le nombre de fusils, le pays où nous allons, tout cela suscite autant de questions et de difficultés que nous n'aurions jamais pu résoudre sans lui.

En effet, à moins de s'enfermer dans un pays sauvage, comme nous venons de le faire, il est assez malaisé de chasser aux Indes, bien que le gibier y abonde. Ainsi que nous le faisait remarquer lord Dufferin, le vice-roi n'est pas le grand veneur. Le nombre des personnes qui débarquent ici, avec l'intention de tuer deux ou trois tigres pour se distraire, devient chaque année plus considérable : les lettres de recommandation pleuvent ; les membres du gouvernement anglais en sont excédés et n'y font plus grande attention.

Si nous n'étions qu'un ou deux fusils, on nous ferait inviter à quelques chasses chez un rajah ; mais la chose n'est guère faisable quand il s'agit de six personnes. Il faut donc monter une expédition pour nous. Encore n'est-ce pas de ce côté-là que nous rencontrerons les plus grands obstacles ; c'est du côté du terrain même où nous prétendons chasser.

Nous avions fait la traversée de Suez à Bombay avec un capitaine anglais qui a une grande expérience de la chasse aux Indes ; son frère a même écrit un livre fort intéressant à ce sujet. Il nous avait vivement engagés à demander une permission pour le Népaul : c'est la patrie des tigres. Notre ami de Breteuil, qui a chassé en Assam, nous avait donné le même conseil. Mais le Népaul est justement le plus fermé des États indépendants situés sur la frontière. On ne permet pas aux Anglais d'y entrer, à plus forte raison devait-on faire des difficultés pour des étrangers.

J'ai dit comment, grâce à la bienveillance de lord Dufferin, l'affaire s'est enfin arrangée. On nous a accordé une permission toute spéciale ; nous en sommes d'autant plus reconnaissants. Le vice-roi comptait organiser une petite expédition pour le duc de Montrose, son cousin ; celui-ci profitera de l'occasion et se joindra à nous pendant quinze jours.

Le terrain trouvé, il manque encore une chose capitale : les éléphants. Les jungles du Népaul sont très élevées et très larges ; on ne peut songer à y chasser à pied. Il faut même un nombre considérable d'éléphants : le vice-roi en avait deux cent soixante l'année dernière. Chercher à s'en procurer à prix d'argent serait assumer une dépense énorme. Il y a d'ailleurs une meilleure raison pour ne pas agir ainsi, c'est qu'on n'en trouve pas à louer.

Grâce encore à lord Dufferin, cette dernière difficulté est aplanie. Il demande à M. Williams Gwatkins de diriger notre expédition. Celui-ci se chargera de tout ce qui regarde le camp, la chasse, les éléphants. Nous n'aurons à nous occuper que des menus détails.

M. Williams est un Anglais du pays de Galles. Il est haut de six pieds, gros, fort, taillé pour la vie en plein air. C'est d'ailleurs un chasseur convaincu, un tireur excellent; agent du rajah de Durbungah, il vit en planteur sur les confins du Népaul, à Purneah. Il connaît admirablement le pays; c'est lui qui dirigeait l'année dernière l'expédition de lord Dufferin. Depuis notre premier passage à Calcutta en janvier, il s'occupe de notre chasse et nous le retrouverons à Purneah.

Lord Dufferin se considère comme ayant une certaine responsabilité envers nous, puisqu'il a tout organisé. Le climat de la partie du Népaul où nous allons est très malsain, il tient à ce que nous ayons avec nous un

médecin. Et à cet effet il détache officiellement à notre intention un docteur du « Civil
Service », M. Forsyth, grand chasseur lui
aussi, qui est déjà venu dans cette contrée
et sera pour nous un charmant compagnon
de plus. J'emmène naturellement le fidèle
Charles, et le duc d'Orléans garde avec lui
Léon, ancien piqueur à l'équipage du sanglier, aussi bon sinon meilleur tireur qu'aucun de nous.

Enfin j'omettrais un des membres les plus
importants de l'expédition, si je ne parlais de
Tom, petit terrier blanc et noir, qui suit
mon cousin et qui a perdu un œil à la
bataille en poursuivant un sanglier dans des
ronciers.

Quant aux domestiques hindous, ils sont
toujours et partout les mêmes : bas, serviles,
vicieux. J'excepterai pourtant de ce jugement
Ali qui, sans avoir un esprit inventif, s'est
toujours bien conduit, et montre une honnê-
teté peu commune dans la race à laquelle il
appartient.

Malgré ses loyaux services, nous avons dû
congédier Mahmoud, qui, en rentrant à

Calcutta, était retombé dans des habitudes d'ivresse par trop manifestes.

Le colonel l'a d'ailleurs remplacé dans la colonne par un Hindou géant, atteint du même défaut, mais qui a sur lui l'avantage de parler français.

M. de Morès conserve toujours avec lui Parbou, brave, serviable et menteur; madame est suivie d'une femme de chambre, Laya, qui occupe ses loisirs en fumant une pipe en noix de coco.

Notre convoi s'est en outre augmenté d'un empailleur, que nous devons à l'obligeance du directeur du musée de Calcutta: ce taxidermiste s'abrutit quotidiennement avec de l'opium, et le reste du temps pleure sur son malheureux sort.

Nous sommes munis d'environ douze mille cartouches. Pour les avoir, nous avons dû courir d'un armurier à l'autre, commandant, pressant, surveillant comme à la veille d'une vraie campagne. C'est qu'il y a près de quarante fusils et carabines à pourvoir, ce qui n'est pas une mince affaire.

J'emporte douze douzaines de plaques photographiques, soigneusement emballées. J'ai fait doubler une petite tente en toile noire afin de pouvoir les changer. Mon appareil est rétabli tant bien que mal de tous les accidents qui lui étaient survenus aux Sundarbands.

Ajoutez à cela une provision de scalpels, de pinces, de foin, de plâtre et d'arsenic pour garder les dépouilles de nos victimes.

Enfin tout est prêt; nous sommes « parés », comme disent les matelots, on peut larguer les amarres.

C'est ce qui a lieu dans la journée du 27. Nos bagages sont péniblement chargés sur cinq chariots à bœufs. Les pauvres bêtes avancent avec peine. Le duc d'Orléans et moi sommes obligés de les accompagner et même de les relever plusieurs fois, car ce jour-là coïncide justement avec une fête hindoue, et les conducteurs veulent entrer dans tous les cabarets.

Morès vient à la rescousse, et, à quatre heures, nous avons le plaisir de voir le train s'ébranler emportant nos cent trente-deux colis: M. de Boissy et moi sommes fiers de n'en avoir que trente pour notre part.

Nous montons en wagon le 1er mars, pour Purneah, qui est la station terminus la plus rapprochée de la frontière du Népaul. Nous sommes déjà en costume de chasse, la plupart d'entre nous en coutil, avec un petit matelas appliqué sur le dos pour garantir la colonne vertébrale contre les rayons du soleil. J'ai adopté la laine et, durant tout mon voyage, je m'en suis fort bien trouvé. Nous avons d'ailleurs un aspect étrange avec les énormes cloches en aloès qui nous servent de chapeaux et qu'on nomme « solars ». Ils n'ont pas moins de trois centimètres d'épaisseur, et un système de ventilation élémentaire y ménage des courants d'air rafraîchissants. Nous sommes tous sur le même rang pour la grossièreté de nos vêtements, ce qui suffit à nous consoler.

Nous descendons à Salar Gunge et naviguons pendant deux heures sur le Gange. Le fleuve est large et ses abords me rappellent le canal de Suez: à droite, une berge assez escarpée; à gauche, une étendue de sable limitée par des collines qui auraient quelque analogie avec les montagnes d'Asie, si l'on n'apercevait quelques arbustes au sommet. Nous tirons des cétacés dont une bande folâtre devant nous, sautant pour plonger aussitôt. Mais nos efforts restent vains.

On arrive à Purneah le matin; c'est la capitale du district de ce nom qui lui-même appartient à la province de Behar, faisant partie du Bengale. M. Williams, le directeur de notre expédition, y occupe un large bungalaw. Il s'occupe de culture pour son propre compte, en même temps qu'il gère les biens du rajah de Durbhunga. Durbhunga est le district limitrophe de Purneah et fait également partie de la province de Behar. Bien que dépossédé de ses États, ce rajah possède de grands territoires; c'est un des princes les plus riches de l'Inde: sa fortune est évaluée à six millions de francs de revenus. Il va nous rendre le service de nous prêter des éléphants.

Nous partons en voiture pour le premier camp. Madame de Morès prend place dans une sorte de tongua suspendue que conduit un Anglais, employé des ponts et chaussées, qui l'a mise à sa disposition, pour la distance

de vingt-cinq milles. Elle aura ainsi moins
chaud que nous, qui nous pressons dans une
wagonnette pleine de petits colis, où nous
ne savons guère comment poser nos jambes.
Nous sommes étonnés de ne pas voir la
jungle ; M. Williams nous la promet pour
bientôt : elle commence à un mille du camp.
Pour le moment, nous traversons un pays
très plat, tout en herbes sèches où sont disséminés de petits bouquets de manguiers,
dont le feuillage ressemble beaucoup à celui
du châtaignier. Parfois la route est bordée de
beaux figuiers des banians ; mais en général
nous ne voyons que des arbrisseaux rabougris entourés, avec un soin jaloux, de cein-
tures de bambous. Nous courons, la plupart
du temps, sur de l'herbe.

A mi-chemin. nous accueillons avec plaisir
un léger luncheon que l'officier de district
nous a fait préparer. Les Morès, qui étaient
un peu en arrière, nous rejoignent. Leur aimable conducteur s'arrête ici, obligé qu'il est
de passer quelques jours dans les environs.
Ils montent dans un dog-cart très élevé et
partent devant nous.

A quelques milles de là, la route semble coupée par un ruisseau : pas de pont; il faut passer pourtant. — *Go on*, crie M. Williams; ce n'est rien : histoire de descendre quelques mètres à pic et de remonter de même. La descente s'effectue fort bien; mais, à la montée, nous apercevons le dog-cart dans une position qui, une fois reconnue non dangereuse, provoque l'hilarité générale : il est assis, le cul en bas, les jambes en l'air. Je veux dire, par cette figure, qu'il est renversé, les brancards droits, Monsieur et madame de Morès debout dedans, en position d'attente; le cheval attend, lui aussi, très tranquillement. L'arrière de la voiture était trop chargé : les harnais ont cassé. Morès saute à terre; madame de Morès, restée dans la voiture, a l'air d'un prédicateur qui va faire un sermon. Nous accourons à son secours; la descente est heureusement courte; le marche-pied a arrêté le véhicule. En quelques minutes nous rattachons, tant bien que mal, la cage du dog-cart, suppléant par des ficelles aux courroies qui manquent, et tout le monde se remet en route. Je prends, néanmoins, avec plaisir, la place de madame de Morès qui préfère ne pas renouveler l'expérience.

Nous ne sommes pas au bout de nos aventures : au relai suivant, nos chevaux refusent de partir; deux hommes sont obligés de courir pendant quelques centaines de mètres à côté d'eux pour les entraîner. Enfin, le fouet aidant, l'équipage est lancé.

Sur ces entrefaites, la nuit tombe, une nuit noire comme dans les romans, « faite pour le crime et l'amour »... La wagonnette passe devant, et nous montre le chemin. Une rivière nous arrête ; n'est-ce que cela ? nous y entrons sans hésiter. Nos chevaux ont de l'eau jusqu'au poitrail ; cette fantaisie n'est probablement pas de leur goût, car l'attelage de la wagonnette refuse d'avancer comme de reculer. Morès enlève le dog-cart qui file devant afin de donner l'exemple. Au bout de cent mètres, nous n'entendons plus qu'un brouhaha de voix discutant, criaillant, plaisantant, grognant, un vrai poulailler; de voiture, point. Nous retournons et trouvons les autres à la même place, continuant à attendre le bon vouloir des chevaux qui semble tarder à se manifester. Ils sont, en fin de compte, obligés de descendre dans l'eau. M. de Boissy, légèrement assis sur la large main de M. Williams, a l'air d'une demoiselle. On dételle les chevaux qui, une fois libres, gagnent tranquillement l'autre rive. Nous nous attelons alors à la voiture et, après maints efforts, nous la hissons sur la berge et la rendons à ses porteurs naturels.

Tout près de là, quatre éléphants nous attendent. Nous nous asseyons sur l'un d'eux, Philippe et moi; M. et madame de Morès sur un autre; puis le colonel et M. de Boissy; et enfin le duc de Montrose et M. Williams. La selle se compose d'un matelas. Nous nous accrochons, tant bien que mal, aux cordes qui la retiennent, pendant que nos éléphants procèdent à la désagréable opération de se relever, et nous nous mettons ainsi en marche, toujours cramponnés, tandis que nos corps sont envoyés automatiquement d'avant en arrière dans un mouvement de mal de mer. Nos mahouts, à cheval sur le cou, leur crochet à la main, se livrent au même exercice avec une impassibilité qui dénote une longue habi-

tude de la chose. Nous nous y accoutu-
mons nous-mêmes sans trop de peine et,
au bout de cinq minutes, nous exécutons au
mieux de savantes pirouettes, en prenant
notre arrière-train comme pivot.

M. Williams se révèle déjà tel qu'il sera
pendant toute l'expédition, un grand chef, un
capitaine de chasse consommé ; il prend les
mœurs des gens à qui il va commander, il
va jusqu'à leur emprunter leurs hyperboles
et leurs métaphores. Aussi les quatre milles
qu'il nous a annoncés sont-ils bien de véritables milles indiens ; et ce n'est guère qu'a-
près une bonne douzaine de milles anglais
que nous arrivons au camp, sur le coup de
onze heures, devenus éléphantiers parfaits. Il
me semble n'avoir jamais chevauché sur
d'autres bêtes.

La lune nous montre deux rangées paral-
lèles de belles tentes de cinq mètres carrés
chacune dont les sommets coniques détachent
également leur blancheur sur l'horizon obscur.
Elles sont au nombre de treize. Je suis fataliste et, par là, point superstitieux : aussi ce
nombre me fait-il peu d'impression. A l'ex-

trémité de l'allée centrale, une plus grande tente renferme un dîner servi auquel nous faisons honneur : j'entrevois déjà que nous saurons concilier les exigences de la vie sauvage avec les avantages de la civilisation.

Charles et Léon nous accueillent avec désespoir ; ils ont fait vingt-cinq milles à éléphant et n'ont pas encore compris le côté poétique de ce mode de locomotion.

M. Williams nous fait les plus belles promesses pour le lendemain matin. Il m'avoue même alors que ces « quatre petits milles » en étaient treize bons, et qu'il a voulu nous faire prendre patience. Nous nous en sentons subitement plus fatigués. Quelle belle chose que l'imagination !

Nous vidons joyeusement nos coupes en l'honneur du premier campement et nous nous retirons.

II

Au petit jour, nous nous levons pour parcourir le camp, qui a l'aspect d'un immense bazar, car tout le monde est sur pied et nous emmenons une véritable armée à notre suite : nous avons déjà quarante éléphants dont une partie est due à la bienveillance du rajah de Durbungha, les autres nous sont prêtés par des amis de M. Williams. Chacun de ces animaux porte deux hommes, soit quatre-vingts hommes, plus dix chariots ayant chacun trois hommes, ce qui fait trente hommes ; si nous comptons en outre les domestiques, brosseurs, cuisiniers, empailleurs, etc., nous arrivons au chiffre de cinq cent cinquante pour le moins [1].

Tout ce monde campe sous de petites tentes, sous des huttes construites à la hâte avec des feuilles de bananiers, sous les chariots, parfois même en plein air. Les animaux errent à demi enchaînés parmi cette foule ; les éléphants cherchent quelque herbage, les buffles attendent qu'on les mette sous le joug ; cinq poneys, attachés à des piquets et formant un cercle, ont l'air de tenir un conciliabule. Derrière nos tentes se trouve celle de Pritchards, métis anglo-hindou, qui a l'intendance de notre camp ; ce n'est pas une sinécure, surtout quand on a affaire à des gens en qui on ne peut avoir aucune confiance. Sa tente est déjà aux trois quarts occupée et tout entourée par des caisses de conserves, des provisions de vin

1. Voir, dans l'Appendice, le décompte de tout le personnel du camp.

et de soda. Lui-même, le casque en tête, est assis dehors, au milieu des bagages, à une modeste table érigée en bureau, d'où il expédie les ordres pour les différents corps de cette petite armée, comme le ferait un général, la veille d'une bataille.

M. Williams nous rejoint, et nous le suivons pour passer nos éléphants en revue. Ils sont à quelques centaines de mètres du camp; la plupart ont les pattes de devant enchaînées. Nous les examinons soigneusement les uns après les autres; il nous faudra en prendre grand soin, car on nous les a prêtés, et ce sont des animaux fort chers et délicats.

Ainsi que je l'ai dit, on ne trouve nulle part d'éléphants à louer, surtout pour la chasse. On peut en acheter à la grande foire qui se tient à Dacca[1], et cela à un très haut prix, sinon il faut emprunter ceux dont on a besoin. La raison de la difficulté avec laquelle on se procure des éléphants et de l'élévation de leur prix est la suivante : les éléphants ne s'élèvent pas; un éléphant domestique mort ne

____
1. Capitale de district dans le Bas-Bengale.

peut être remplacé que par un animal enlevé à la vie sauvage. Est-ce pudeur, comme, certains auteurs le prétendent? est-ce l'effet de l'asservissement? Toujours est-il que rien n'est plus rare que de voir des éléphants se reproduire en captivité: on cite un cas en moyenne tous les dix ans. En Birmanie, on essaye parfois de lâcher des éléphantes domestiques pour les faire saillir par des mâles sauvages et les reprendre ensuite. Mais ces essais ne donnent pas de résultats bien satisfaisants; on se borne en général à capturer les éléphants sauvages dans des parcs où les femelles domestiques les attirent; encore ces prises sont-elles peu fréquentes; elles ne peuvent être faites qu'en vertu d'autorisations spéciales, et sont généralement pratiquées par le gouvernement même ou à son compte. Le nombre des éléphants ne peut donc pas sensiblement augmenter; il semble même diminuer.

Le prix d'un éléphant varie d'ailleurs suivant l'usage auquel il est destiné : ce sont les éléphants de chasse qui coûtent le plus cher, parce qu'ils demandent une éducation spéciale. Encore faut-il distinguer le simple animal de battue d'avec celui d'*howdah*, c'est-à-dire qui doit être monté par un chasseur. On peut se procurer le premier pour deux ou trois mille francs, le second coûte rarement moins de cinq mille francs ; il atteint parfois vingt et trente mille francs. C'était le cas d'un des éléphants du rajah Cotch Behar, qui suivait les animaux blessés à la piste, ainsi que l'eût fait un chien.

Pour la chasse on préfère généralement les éléphantes qui sont plus dociles. Il y a deux espèces de mâles : les « Tusker » et les « Mucknas ». Les premiers ont des défenses, les seconds en sont privés, de naissance : c'est une particularité naturelle sur la cause de laquelle on n'est pas d'accord et qui varie avec les contrées ; ainsi, à Ceylan, on ne compte pas un « Tusker » pour trente « Mucknas ». Les premiers sont recherchés de préférence comme bêtes de parade. D'ailleurs on coupe généralement leurs défenses à une certaine distance, pour qu'elles ne soient point trop lourdes, et parce que ce serait pour l'animal une arme trop dangereuse. Il se laisse faire sans opposer de résistance. Sourent on couvre la section par une boule ou un anneau de cuivre.

Les natifs distinguent trois classes d'éléphants, et cette distinction est d'ailleurs adoptée dans le commerce ; elle repose sur leur hauteur, leurs proportions, leurs formes :

Le *Koomeriah* (royal) ; c'est la première classe : il a les jambes moins élevées par rapport au corps, le dos moins droit, le front plus fuyant ;

Le *Dwasala* (intermédiaire) ;

Le *Murga* (comme un cerf), le plus élancé et le plus rapide.

Il ne suffit pas que l'animal même remplisse les conditions voulues ; il faut qu'il ait un bon mahout. Chaque éléphant a deux serviteurs : le *mate* et le *mahout*. Le premier le brosse, le nettoie, lui apporte ses repas ; le second le conduit, lui parle, entre en communion d'idées avec lui : un geste leur suffit souvent pour se comprendre ; il semble parfois que les deux êtres n'en fassent qu'un, ayant un seul cerveau ; et dans cet assemblage c'est assez souvent l'éléphant qui a le beau rôle.

On voit de quelle importance est le choix du mahout.

C'est en outre lui qui doit être l'interprète de la bête, dire si elle a trop marché, si elle porte une trop lourde charge, si elle est souffrante. L'éléphant est fort délicat, on ne le croirait pas à première vue, mais la moindre expérience suffit pour s'en convaincre. Il est sensible à la plus légère piqûre faite avec une épingle, se secoue, et, si l'on continue d'appuyer la pointe, souffle bruyamment ou crie. On comprend aisément qu'un fardeau trop lourd ou mal attaché puisse le blesser. Il est sujet à la fièvre : son pouls moyen est de cinquante-cinq à la minute; à soixante-quinze, il est malade. Il a de fréquents maux d'yeux, surtout au printemps, lorsqu'il mange des branches de figuier des banians, dont la sève lui est nuisible.

L'éléphant mâle exige des soins particuliers lorsqu'il est « must », c'est-à-dire lorsqu'il entre en rut. Il devient alors dangereux. On reconnaît aisément cet état à un signe extérieur : près de l'œil est un petit trou un peu plus large qu'une tête d'épingle, qui, au moment du rut, laisse échapper un dégagement d'humeur; lorsqu'on voit ce signe, on doit tenir l'animal à l'écart.

Telles sont les observations que nous communique M. Williams au cours de son inspection. Il ne manque pas de nous poser une question qu'il est de tradition de faire à tout nouveau venu aux Indes (ce qu'en termes scolaires on est convenu d'appeler une *colle*) : « Combien de fois la longueur représentant la circonférence du pied de l'éléphant est-elle contenue dans la hauteur de l'animal ? » Nous sommes tout étonné d'apprendre que la hauteur n'est que le double du tour du pied. Nous le vérifions d'ailleurs nous-même. M. Williams nous explique aussi que le pied est la partie la plus sensible de l'éléphant; on prétend même qu'un coup de bâton sur ce point suffit à l'arrêter. Je n'oserais l'affirmer, mais voici, dans le même sens, une anecdote qui m'a été racontée plusieurs fois aux Indes.

C'était, il y a une vingtaine d'années, dans le Mysore. Un mâle solitaire était signalé comme causant de grands dommages; il était armé d'une formidable paire de défenses, et personne ne se souciait d'aller se frotter à lui. Survient un petit métis, d'assez chétive apparence : « N'est-ce que cela? s'écrie-t-il; pour cent roupies je vous livre l'animal, les pieds liés. » On convient du prix, tout en raillant ce petit homme. Celui-ci, à l'étonnement général, ne parle ni de batteurs, ni de cordes, encore moins de fosses. Il se contente d'aller chez un marchand de ferraille et lui achète une poignée de chevaux de frise. Il en remplit son panier. Ainsi muni, il part pour le bois où se tient le dangereux animal. Celui-ci, à la vue de l'homme, se met en mesure de le charger. Le métis ne perd pas son sang-froid et lance à terre une poignée de ses chevaux de frise. L'éléphant passe dessus, se les enfonce dans le pied, rugit de douleur, et, après de vains efforts pour avancer, chancelle et tombe vaincu.

Nous continuons notre revue. Je remarque un vieux mâle gigantesque qui se tient dignement à l'écart; c'est le plus beau que j'aie jamais vu. Nous allons pourtant être obligés de le renvoyer, non que ce ne soit un bon serviteur, mais, au cours d'une battue, il a eu l'honneur de recevoir un tigre sur la tête, et, en atteignant le fauve, la balle a en même temps fait au front du pachyderme une blessure dont nous voyons la cicatrice. Or, l'éléphant a une bonne mémoire : chaque fois que celui-ci passe la Cossie (c'est la rivière auprès de laquelle nous campons et dont nous suivons les rives), il se souvient de son accident, entre en fureur et charge ses camarades. Nous préférons ne pas nous exposer à ces accès d'humeur. Le mahout a d'ailleurs à sa disposition d'autres arguments que ceux de la persuasion : l'éléphant porte au pied droit un anneau intérieurement garni de clous ; lorsqu'il s'emballe, le mahout tire une ficelle et les clous entrent dans le pied de l'animal qui s'arrête.

Plus loin sont rangées les selles, si l'on peut donner ce nom aux édifices qui sont placés sur le dos des éléphants.

Avant d'en parler, je ferai remarquer que la position du mahout est toujours la même, quel que soit le mode de sellage. Il est à califourchon sur le cou de l'animal ; une simple corde posée à même lui sert d'étriers ;

ses jambes sont régulièrement battues par le va-et-vient des larges oreilles de l'éléphant, qui, du reste, les protègent, surtout dans les bois fourrés. Il dirige sa monture par la voix ou à l'aide de simples pressions des jambes. Il se sert aussi d'une sorte de hachette terminée par une pointe dont il lui frappe la tête, mais seulement pour le châtier.

Quant aux selles, elles sont de trois modèles différents.

1° Le *padd*. Il consiste en un simple matelas assez épais, que des cordes retiennent sur le dos de l'animal; un renfoncement pratiqué au milieu ajoute à la commodité du siège. C'est le sellage le plus confortable : on y est moins élevé et partant moins secoué que dans les autres; l'épaisseur du matelas atténue les chocs, et l'on n'a pas à craindre de se fatiguer en gardant toujours la même position, puisqu'on y peut se déplacer, se tourner ou se coucher. Quand nous nous sentons las et ne voulons point courir le gros gibier, ou quand nous avons un simple trajet à faire d'un point à un autre, nous employons de préférence le padd. Mais l'appareil présente de sérieux inconvénients pour la chasse : on ne peut tirer par-dessus le mahout, puisqu'on est à peine plus élevé que lui, ni tirer rapidement, si ce n'est du côté où l'on est assis ; car, pour jeter son coup de l'autre côté, il faut se retourner entièrement, ce qui demande un certain temps. Enfin, si l'on traverse un bois, il vaut mieux être placé très haut afin de pouvoir écarter ou couper les branches que l'on heurte.

2° Le *charjama*. C'est une sorte de bât supportant un banc de chaque côté avec une planchette pour les pieds. On s'en sert surtout pour voyager. Il est assez analogue à la selle que portent les éléphants au Jardin d'acclimatation. On ne l'emploie pas à la chasse.

3° L'*howdah*, qui est la vraie selle de chasse, est une cage rectangulaire sans toit ni fond, une sorte de balustrade. La charpente est généralement en fer et maintient un treillage en osier ou en paille, qui, d'ailleurs, est vite crevé dans les bois. Sur le devant, une barre de fer à laquelle on peut se tenir ; à droite et à gauche, des coches destinées à supporter les canons des fusils et des carabines. Au-dessous, des poches en toile où nous mettons les cartouches.

L'howdah ne s'appuie pas directement sur le dos de l'éléphant, elle le blesserait : elle repose sur un matelas et est retenue par trois cordes. L'une passe sous le cou de l'animal et maintient l'avant; la seconde fixe l'arrière et passe sous la queue, jouant le rôle de croupière ; une troisième corde sert de sangle et vient sous le ventre de l'éléphant qui, en cet endroit, est protégé par un tablier de cuir.

Assis ou debout, nous sommes ainsi élevés au-dessus du mahout : nous avons le champ libre pour tirer; quand nous voulons changer de direction, nous frappons sur la tête du conducteur et lui indiquons du geste ou de la voix notre intention. Nous sommes parfois obligés de nous mettre en colère contre lui, ce qui d'ailleurs nous sert peu : il n'exécute pas toujours nos ordres, et quand il fait la sourde oreille, le mieux est de se résigner. Au fond, nous sommes à sa merci, comme il est lui-même à la merci de son éléphant, en sorte que l'arbitre de la situation est le bon vouloir de l'animal. Heureusement, il a souvent plus de raison que beaucoup de gens de ma connaissance.

Lorsque nous sommes en chasse, nous nous tenons debout, les jambes écartées; je ne crois pas me tromper en comparant le mouvement auquel on se livre dans cette position, à celui qu'exige la machine à coudre, ou encore aux efforts d'un passager cherchant à se tenir debout sur le pont. En d'autres termes, on ne peut garder son équilibre qu'en pliant ses jambes en mesure et d'accord avec le balancement de l'animal. Cet exercice ne laisse pas de devenir fatigant quand il dure depuis une journée; mais si l'on s'assied, on est encore secoué davantage parce qu'on ne peut plus régler son attitude sur la marche de l'éléphant et qu'à chaque fois qu'il avance les jambes, on est jeté en avant.

Sur une howdah, on peut prendre quatre et même cinq fusils; seulement nous faisons la remarque que pour chasser à éléphant on a besoin d'un moins grand nombre d'armes et de moindre calibre. D'abord on est à l'abri de tout danger; ensuite le point d'appui manque; souvent même on ne sait trop comment se tenir ; les gros fusils ne seraient qu'un embarras.

Voici, après quelques tâtonnements, l'armement auquel je me suis arrêté. Je ne prends que mes carabines 450 et 577 avec un 12 lisse, et je tire presque exclusivement avec ce dernier. Comme le mien est détraqué, M. Williams m'en prête un à lui, un *hamerless* très léger. Je crois que ce système est à recommander : il est plus vite chargé et surtout plus vite armé ; on n'a qu'à presser un bouton au moment de tirer, le mouvement devient automatique et ne fait pas perdre de temps.

Un mot sur les cartouches : dans les trois poches de toile qui sont devant moi, je mets du 2, du 4 et des balles. Le plus souvent on ne trouve à tirer que des oiseaux et des cerfs, de petits cerfs de la taille de chevreuils, des *hogdeers (Cervus porcinus)*, qu'on abat très bien avec du plomb. A la petite tringle, j'attache ma ceinture en cuir garnie de cartouches de 450 et de 577. J'ai ainsi toutes mes munitions à ma portée.

J'emporte, en outre, mon couteau népaulais

que je fixe à l'howdah; sur le banc, derrière moi, je mets mon petit appareil photographique, une gourde avec du thé froid, un chapeau mou pour le soir. Enfin, à la planche qui me sert de dossier, je visse un anneau dans lequel je puis passer une ombrelle quand je le désire. Voilà mon équipement; à quelques détails près, c'est celui des autres. Derrière madame de Morès, un hindou tient une ombrelle.

On monte sur l'éléphant au moyen d'une petite échelle. L'animal se couche à cet effet, sur un mot prononcé par son mahout (*Beut*). Nous voulons nous habituer à nous passer de cette échelle qui encombre notre howdah, et nous essayons de nous hisser sur le derrière aplati de l'éléphant en nous aidant tant bien que mal de sa queue, de ses pieds et de la corde qui tient le matelas. Nous y parvenons à peu près. — *Mayl!* crie le mahout: l'éléphant se relève, et nous prenons notre aplomb. Ainsi, tandis que, pour le cheval, la politesse consiste à tenir la selle, ou à offrir son genou comme point d'appui, — à éléphant, pour être galant, il faut tenir le bout de la queue de l'animal, et former une marche avec cet appendice.

Enfin, nous voici tous installés. Nous nous formons en ligne devant le camp : au centre, M. Williams, debout dans sa howdah, donne les ordres, tandis qu'à trente mètres devant, à pied, en culottes et en bottes, M. Pritchards, le fouet à la main, veille à ce que les éléphants batteurs soient régulièrement disposés. Trois de ces éléphants séparent chacun de nous de son voisin.

C'est dans cet ordre que nous nous mettons en marche vers la frontière du Népaul où nous rejoindrons, dans leur camp, les indigènes qui nous attendent, et les éléphants que le rajah met à notre disposition. Nous traversons d'abord un pays trop habité et où seulement quelques boqueteaux et quelques rares espaces couverts d'une jungle peu élevée, font diversion avec les champs cultivés : comme gibier, deux sangliers que toute la ligne manque également et un hogdeer.

En franchissant un petit bois, j'assiste pour la première fois à une scène qui chaque jour se renouvelle et m'amuse toujours autant. Je

vois les mahouts entamer, avec leurs animaux, une véritable conversation que ceux-ci
comprennent très bien et dont ils tiennent
compte. Tantôt c'est un arbre qui barre la
route et qu'il faut casser : l'éléphant appuie
son front contre le tronc et se met à pousser;
quand l'arbre commence à plier, il achève son
œuvre en mettant le pied dessus. Mais ce qu'il
y a de plus drôle, ce sont les discussions
muettes et les tergiversations auxquelles cette
opération donne lieu : dans les premiers jours
surtout, le mahout, pour m'étonner sans doute,
ordonne fréquemment à son éléphant de casser
des arbres, même quand cela n'est pas né-
cessaire et qu'il reste assez de place pour le
passage. L'animal s'en aperçoit et, n'aimant
pas se donner de la peine pour rien, feint de
ne pas avoir entendu et passe à côté. Le
mahout n'admet pas toujours cette manière
d'agir et lui répète son ordre : alors l'éléphant,
ne pouvant plus l'ignorer, change de prétexte
et fait semblant de ne pouvoir l'exécuter, en
poussant sans aucune conviction. Ordinairement le mahout triomphe, mais après une
vraie comédie.

Plus loin, c'est une branche à droite, en l'air, ou une liane qui barre la route; sur l'injonction de son mahout, l'éléphant la saisit dans sa trompe et la brise. Il se charge ainsi de nous frayer une route, d'écarter les épines et, s'il a oublié, par mégarde, quelque branchage, au mot de *pichou*, il recule aussitôt pour la casser.

Tout en étudiant l'intelligence et la faculté de raisonner de ces animaux, je m'habitue à leur langage, et, si je ne parviens pas encore à y répondre, du moins suis-je bientôt à même de l'interpréter.

Ils ont trois cris bien marqués : un cri court et élevé qui ressemble absolument au son d'une trompette; cet appel strident marque d'ordinaire l'effroi. Les éléphants le font entendre souvent en présence d'un animal étranger, surtout du sanglier. J'anticipe ici sur la suite de mon récit pour dire qu'ils ont bien plus peur de ce dernier que du tigre. Le sanglier, animal bête et brave, hésite rarement à les charger et, parfois, leur fait de cruelles entailles aux jambes. Je n'ai pas encore vu d'éléphants, même parmi les meilleures bêtes d'howdah, qui, à la rencontre d'un sanglier, ne fassent pas un mouvement de côté, si ce n'est une complète pirouette, accompagnée d'un coup de trompette.

Leur deuxième note est un aboiement pareil à celui d'un chien sur la patte duquel on aurait marché. Ceci marque surtout le mécontentement contre le mahout qui les force à faire quelque chose contre leur gré.

Enfin, une sorte de râle qui va du ronflement sourd au rugissement, et qui sert à exprimer toutes sortes d'impressions, selon la modulation qu'il prend, — l'ardeur amoureuse de l'éléphant, sa fatigue, sa faim, etc.

Lectrice, voici, à ce jour, tout ce que j'ai pu retenir de la grammaire éléphantesque : je te ferai part, au fur et à mesure, de ce que je pourrai apprendre de nouveau à ce sujet.

En arrivant sur la lisière du bois, j'entends un coup de trompette de l'éléphant qui est placé à côté de moi. Le mien commence à tourner, et un sanglier lui passe entre les jambes. Embarrassé dans les branches, je ne puis tirer. M. de Boissy le tue à cent mètres de là, avec sa carabine 450.

Un peu plus loin, nous avons l'amusement du passage de la Cossie : c'est, je l'ai dit, la rivière dont nous aurons à remonter le cours durant notre voyage au Népaul et que nous devrons journellement franchir. M. Williams prend les devants pour essayer l'opération; mais son éléphant perd pied et nous sommes obligés de remonter plus haut afin de trouver un gué.

Nous le trouvons et traversons. Les éléphants continuent à m'intéresser extrêmement par leur adresse : ils se servent de leur trompe comme d'une cinquième jambe sur laquelle ils s'appuient, pour s'agenouiller doucement en montant ou en descendant les berges. Sans doute ils ne sont pas rapides et quelques journées passées sur leur dos forment un homme à la patience. C'est en vain qu'on voudrait les presser, on se sent complétement impuissant; il faut se résigner à obéir. Mais l'éléphant fournit, en revanche, de véritables distractions à son cavalier, tantôt trempant dans l'eau sa queue, et s'en servant comme de balai; tantôt prenant avec sa trompe une provision d'eau qu'on est tout étonné, deux heures après, de recevoir en jet dans les jambes pendant qu'il se rafraîchit la peau.

Aux haltes, il saisit un paquet d'herbes, qu'il balance quelque temps pour en faire tomber la terre attachée aux racines, et qu'il met enfin dans sa bouche, comme on mettrait une charge de poudre dans un canon; ou bien il cueille une grande branche dont il se sert comme de plumeau. Il fait même des niches à ses camarades, passant gravement à côté d'eux sans avoir l'air de les voir, et leur dérobant doucement un peu d'herbe sur leur tas. Je dois dire que, généralement, ils s'en aperçoivent, et ne se laissent pas duper. Les plus heureux sont ceux qui sont munis de défenses; ils peuvent, entre celles-ci et leur trompe, mettre des provisions et user néanmoins de leur engin de préhension. J'en voyais un qui portait un bananier entier sans avoir l'air de s'en occuper.

Un autre trait de la délicatesse et de la légèreté des éléphants : j'arrive à un talus à pic de trois mètres de hauteur; je me crois arrêté, point du tout; mon éléphant s'approche doucement de cet obstacle; puis, posant sur le haut du talus le bout de sa trompe, il s'en fait un point d'appui, et, avec précaution, fait suivre sa tête de ses jambes, de manière à se mettre à genoux. Et il ne se relève que lorsque les membres de derrière se sont affermis à mi-chemin de la montée. C'est vraiment une leçon de nivellement qu'on prend là, puisqu'on résout le problème de passer, par une pente douce, d'un plan à un autre.

Ainsi l'éléphant ne se contente pas de parler; il raisonne et calcule; et je vous le montrerai dans bien d'autres rôles encore. C'est que je l'aime, ce bon gros animal au crâne biscornu, hérissé de quelques poils droits, comme un vieux savant, — avec ses grandes oreilles qui battent constamment la mesure, et son petit œil malicieux caché sous d'épais sourcils. Si vous vous arrêtez à regarder sa bouche, — qu'il ouvre et ferme en écrasant les lèvres, à la manière des vieillards qui ont perdu leurs dents, — et son long nez, toujours en mouvement, furetant de çà et de là,

sournoisement, vous ne pourrez vous empêcher de rire. Ce sera bien pis si vous le regar-
dez de derrière! Il a tout à fait l'air d'être
dans de larges pantalons empesés qui le gê-
nent pour marcher. On dirait qu'il a trop de
peau, à voir les monceaux de plis qui se forment entre la première articulation de sa
jambe et la naissance de sa queue. Et cette
queue, comme elle est comique, avec le petit
plumeau de longs poils qui la termine : un
vrai balai fourré au bout d'un long manche!

En somme, plus je vis avec les éléphants,
plus je les vois et les étudie, moins je puis
accepter l'opinion de Sanderson. Cet officier
anglais, chargé depuis plusieurs années, par
le gouvernement, des prises d'éléphants aux
Indes, a écrit un curieux ouvrage : *Thirteen
years among the wild beasts of India*, où il
refuse à mes favoris l'intelligence que le vul-
gaire leur attribue. Je ne puis m'expliquer
cet avis que par la trop grande habitude
qu'il a d'exiger et d'obtenir beaucoup des
éléphants. Il fait comme le dompteur qui
regarde toujours ses bêtes comme des brutes.
D'ailleurs, quelle que soit sa compétence et

quelque intérêt que présente son livre, il reste seul de son avis. Quant à moi je comprends parfaitement que les Hindous aient déifié cet étonnant animal : sa gigantesque stature d'une part, son œil spirituel, presque humain de l'autre, ont dû donner à un peuple naïf l'idée d'une sorte de « dieu malin », réunissant toutes les forces de la matière et de l'esprit.

Pour la chasse, ce qui est le plus à considérer, c'est le mahout. Généralement tout éléphant dressé marche bien ; mais le mahout seul, par ses paroles et ses mouvements de jambes, dirige l'animal : s'il ne lui plaît pas de le faire avancer, vous aurez beau vous trémousser dans votre howdah, vous égosiller à force de crier : *Tchallo! tchallo!* (vite), vous en serez pour votre peine. Dans les premiers temps, je m'exaspérais dès que je restais derrière, et ne savais quelles injures jeter à la tête de mon mahout; il restait impassible; sa philosophie m'a gagné, j'en ai pris mon parti. Maintenant, mon éléphant, mon mahout et moi, nous formons un assemblage d'airain sur lequel le sarcasme même n'a pas de prise.

— Vous n'êtes pas en ligne!

— Nous sommes bien derrière:

— Il y a un tigre en avant.

— Laissez-l'y.

— Pourrez-vous tirer où vous êtes?

— Si c'est écrit!

Plus je vais, plus je deviens fataliste, et je m'en trouve bien. Pourquoi me donner de la peine? Si je ne dois pas tirer le tigre aujourd'hui, — quoi que je fasse, je ne le tirerai pas; mon voisin, qui fume tranquillement sa pipe, en dormant à côté, l'aura à dix mètres.

Quoique philosophe, mon mahout n'a cependant pas renoncé aux vanités de ce monde; il est très « chic ». Son crochet est ciselé et se termine par une petite tête d'éléphant en bronze; je désirerais l'emporter avec moi, mais il ne veut s'en défaire à aucun prix. Chaque mahout n'a confiance qu'en son instrument, pour lequel il professe une vénération voisine de la superstition. C'est le trait d'union entre lui et son animal. L'ensemble serait détruit s'il y manquait une pièce.

Nous sommes entrés au Népaul. Une ligne

de piquets, voilà tout ce qui marque la limite de la domination anglaise. Le pays est le même et, n'étaient les impôts, l'indigène ne pourrait dire s'il est soumis aux lois de l'impératrice des Indes ou s'il obéit aux caprices du rajah du Népaul. Le gouvernement anglais impose davantage le natif: il est vrai que c'est pour son propre bien, considération qui souvent ne le touche guère.

Nous lunchons sous un bouquet de bananiers; des chaises, du soda, de la glace, rien n'y manque: le confort anglais se retrouve partout. Mais, au milieu de toutes ces douceurs, nous n'aspirons qu'à flairer l'odeur du tigre.

Le camp des Népaulais se voit à trois quarts de milles: ils ne veulent en aucun cas sortir de chez eux; et, si l'on songe aux exemples terribles que leur offre l'histoire des Indes, depuis les cinquante dernières années, peut-être avouera-t-on qu'ils ont raison.

Après le lunch, nous remontons à éléphant et sommes en train de nous former en ordre de bataille, lorsque survient le capitaine népaulais qui a pris les devants. M. Williams arrête notre ligne, et je me détache avec lui à vingt mètres devant le front.

Le capitaine est un petit homme, gros, à la figure jaune, enflée, entourée d'un collier de barbe noire, avec un nez en trompette et de petits yeux enfoncés de babou jouissard et paresseux ; en somme, une tête qui n'a rien de népaulais, si je me fais une idée juste de ce peuple. Il est assis, les jambes croisées, dans une sorte d'howdah basse et sans siège, et appuie, sur le rebord, les replis de son menton graisseux. Il arrête son éléphant devant les nôtres, et, avec force gestes, tantôt joignant les mains, tantôt les élevant derrière lui, ou d'autres fois les avançant comme pour nous bénir, il se met à faire un discours interminable; tout le temps la même intonation ; il ne s'arrête plus, c'est un moulin à paroles. Si M. Williams n'était là pour me dire que tout ce verbiage ne tend qu'à m'assurer de sa bonne volonté, je croirais qu'il s'amuse à enfiler des mots au hasard, pour nous étonner. Il nous annonce que le rajah du Népaul a donné des ordres spéciaux pour que nous ayons toutes les facilités de sport possible, et je l'en remercie.

Sur ces entrefaites, arrivent tous les éléphants du Népaul. Ils sont, en général, plus
petits que les nôtres et marchent plus vite.
C'est un curieux spectacle que l'apparition
de ces quarante gros rats trottinant les uns
derrière les autres, tout en agitant, en tous
sens, les appendices qui les terminent par
devant et par derrière.

Outre leurs mahouts, ils ont souvent un
second homme, shikari ou autre, sur le dos.
On les mène d'ordinaire avec un bâton, et on
peut les faire marcher plus vite en les frappant avec une petite massue courte, en bois,
terminée par des clous arrondis.

A côté de nos sages et respectables montures, ce sont de vrais gamins. Ils trompettent
à tout propos, se secouent, se rebiffent, ou
partent au galop. Mais à part ces petites
plaisanteries, ils vont bien.

Ils se faufilent aussitôt dans nos rangs
qu'ils élargissent, et notre ligne prend le développement qu'elle gardera dans la suite :
huit cents mètres de largeur.

Le capitaine népaulais nous annonce immédiatement qu'il y a un tigre dans une jungle épaisse, tout près de là.

Nous y courons, mais il est tard, l'organisation n'est pas encore parfaite : on entre en désordre dans les fourrés, et on en sort sans résultat.

A demain les affaires sérieuses.

III

Nous sommes enfin au Népaul, et sur notre véritable terrain de chasse.

Le Népaul s'étend au pied de l'Himalaya entre le 78e et le 88e degré de longitude (Greenwich); il comprend trois divisions naturelles, formées par trois bassins, ceux des rivières Gogra, Gandak et Kosi.

C'est dans ce dernier que nous entrons.

La Kosi est formée de sept cours d'eau

prenant leurs sources sur le plateau du Thibet, de l'autre côté du Gaurisankar et du Kitchin-junga. Ils se réunissent en amont de Megzin à Bara Chatra, — c'est-à-dire beaucoup plus haut que nous n'irons, — en une seule rivière, qui, après un cours fougueux, vient s'étendre, se ramifier sur la frontière du Népaul, donnant lieu à une sorte de delta au milieu de son cours. Elle se resserre plus bas, reçoit la Tiljooga, et se jette dans le Gange en aval de Kalguon.

Nous allons chasser dans un pays entièrement plat, appelé le *Teraï*, qui se compose de marais, de terrains d'alluvion, et même d'anciens cours d'eau, car la Kosi et ses ramifications changent de lit chaque année; nous trouverons des étangs là où s'élevaient des villages l'an passé, et réciproquement. C'est la contrée la plus giboyeuse des Indes, le paradis des tigres qui y sont rarement dérangés et y trouvent un garde-manger abondamment garni.

Le Teraï du Népaul s'étend de l'Oreka Naddi à l'ouest, jusqu'à la Michi à l'est sur à peu près deux cent vingt milles. Il est bordé au nord par les collines de Cherryaghatti; au sud, sa limite est marquée par une série de huit piliers élevés le long de la ligne de frontière qui sépare le Népaul des districts anglais de Purneah, Tirhut et Champaran. Sa plus grande largeur n'excède jamais trente milles; dans la partie la plus étroite traversée par la Dhun (nom népaulais de vallée) de la Kosi, elle n'est que de douze milles; la moyenne est de vingt milles. La contrée comprend, dans toute sa longueur, deux parties distinctes : le *Sal Forest*, et le pays ouvert et cultivé auquel le nom spécial de Teraï est réservé; ce dernier s'appelle plus particulièrement *Morung*, sur la rive gauche de la Kosi. Le Teraï proprement dit est large de dix à quinze milles; il atteint sa plus grande largeur entre l'Oreka et la Kumla, se rétrécit de la Kumla à la Kosi pour ne plus avoir que cinq milles dans le Morung.

Au point de vue de la chasse, le pays que nous allons traverser peut aisément être divisé en deux zones que sépare la Kosi : la rive gauche est boisée, la rive droite nue, à quelques exceptions près. Les bois s'élèvent et s'étendent à mesure que nous nous montons vers le Nord : sur la frontière anglaise ce n'étaient que des boqueteaux disséminés entre les villages, au milieu de plaines à demi cultivées ; plus loin les forêts couvrent le pays, et ne s'ouvrent çà et là que pour faire place à de petites plaines, à de larges clairières, ou à des marais ; enfin elles deviennent continues.

Nous restons presque toujours installés sur la rive gauche. A l'exception d'un, nos camps sont établis auprès de la rivière, sur une bande de cinq à huit cents mètres qui s'étend entre celle-ci et la forêt. C'est un terrain vierge d'arbres, dont la largeur varie annuellement selon les inondations. Il est formé, comme le reste du Teraï, de sable ou d'argile noire d'alluvion bonne pour la culture. Cette bande est généralement recouverte d'une herbe relativement basse (un mètre vingt centimètres environ), qui est parfois remplacée par de petits taillis, des bosquets épineux, des lentisques. Le terrain est vite déblayé pour l'établissement du camp. Nous ne disposons que d'un espace restreint, mais M. Williams ne veut sous aucun prétexte camper en forêt ; avec les feux qu'allument les natifs, il suffirait d'un peu de vent, — surtout du terrible vent d'est, — pour nous faire flamber, et l'explosion de nos dix mille cartouches pourrait aller troubler jusque dans les murs de Katmandou le sommeil du petit rajah,

> Qui dort la bouche demi-close
> Gracieux comme l'Orient.

On peut distinguer parmi les bois qui couvrent la rive gauche de la Kosi, c'est-à-dire dans le Morung, deux catégories assez nettement différentes : la jungle proprement dite et le Sal Forest.

Il est assez difficile de décrire la jungle : on peut dire seulement que c'est un fourré, un amas de branches et de feuilles, un enchevêtrement si serré de lianes, un fouillis si profond de plantes de toutes espèces que nul ne saurait y pénétrer à pied. Nous nous y risquons trois ou quatre fois, sur nos éléphants, à la recherche d'un tigre; mais il est inutile de songer à garder la moindre ligne ; c'est sans ordre ni méthode que nous nous élançons à l'assaut de la forêt, dont nous allons déflorer la virginité ; chacun travaille de son mieux, l'éléphant avec sa trompe et son front, le mahout avec sa hache, nous avec nos couteaux. Nous nous donnons beaucoup de peine, courons de nombreux dangers et n'obtenons aucun résultat ; on ne bat pas un bois de ce genre.

Nous passons généralement en file dans les places qui paraissent les moins fournies, laissant libres entre nous des espaces de plus de deux cents mètres de large où tous les tigres du Népaul pourraient aisément se réfugier. D'ailleurs ces bois sont presque toujours traversés par de petits cours d'eau sinueux qu'il faut franchir à tout moment. Le fond est souvent formé de sable mouvant, et on s'y risque avec déplaisir. J'ai pensé une fois m'y perdre avec mes armes. Mon éléphant enfonçait ses deux jambes de devant dans le sable tandis que celles de derrière étaient restées sur la berge ; je n'ai eu que le temps de saisir mes fusils et de faire signe au mahout de reculer.

Quant à tirer lorsqu'on est en marche dans ces fourrés, c'est tout à fait impossible.

Le mieux est de décharger les fusils d'avance, et de les coucher dans l'howdah. Chacun en a assez de se démener, le couteau à la main, pour ne pas être aveuglé et n'avoir pas la tête emportée. Comme on marche dans le plus grand désordre, nul ne peut savoir si son voisin est devant ou derrière. Dans ces conditions on préfère que tout le monde s'abstienne de faire usage des armes.

Ce ne sont pas les arbres qui sont le plus grand obstacle à la marche des éléphants ; ils les poussent et les cassent : ce sont les lianes, et surtout les petites, qu'ils n'arrivent pas à arracher. On comprend qu'ici la plus parfaite entente doive régner entre le chasseur, le mahout et l'éléphant. Quand l'animal se sent arrêté par une liane, il la saisit avec sa trompe et la présente au mahout qui la tord : au chasseur de la couper. Si les éléphants n'étaient pas aussi intelligents, on serait tué plutôt vingt fois qu'une dans ces fourrés épouvantables dont les ronciers les plus épais d'Europe ne peuvent donner une idée.

A la seconde expérience, nous nous sommes promis unanimement de ne plus nous risquer dans des aventures de ce genre, quoi qu'il puisse arriver. Voici les scènes qui ont donné lieu à cette résolution : nous étions déjà engagés à près de deux cents mètres dans la jungle, lorsque j'entends un coup de trompette non loin de moi et vois l'éléphant de Morès se jeter au grand galop dans les broussailles. Le tigre ne doit pas être loin, car l'éléphant s'emporte pendant plus de trois cents mètres. Morès est accroupi dans sa howdah; celle-ci est vite brisée, les fusils jetés les uns contre les autres. L'éléphant est enfin arrêté par un gros arbre qu'il ne peut casser. Morès n'a rien, mais je crois qu'il est difficile de courir un plus grand danger.

Quelques minutes après, je me laisse distraire un moment par la contemplation d'un oiseau perché sur un arbre à ma gauche; je me retourne et vois, à vingt centimètres devant moi, une branche placée à la hauteur de mon cou. Je n'ai que le temps de me laisser tomber en arrière dans ma howdah; et je préfère ne pas renouveler ces jeux que je trouve tout à fait malséants.

Mais, tout autour de nous, quelle végétation

extraordinaire! quel champ d'observation pour le botaniste! quelles couleurs pour le peintre! Tout cela flotte encore confusément dans mon regard, mais je n'en puis rien fixer ici, — sinon quelques noms népaulais qui, aux yeux du lecteur, seront de bien peu d'inté‑ rêt : le *seemul* ou *cotton tree* qui étale majes‑ tueusement ses branches couvertes de fleurs écarlates ; le *sumpal* qui fait reluire au soleil son feuillage bronzé ; le *sissoo*, dont le bois clair est recherché pour les chariots ; le *parass*, qui se couvre d'une floraison rouge alors que ses feuilles sont tombées ; le *mhova*, dont les fleurs violettes attirent les cerfs, et servent à fabriquer une liqueur forte ; le *sirres*, dont on tire un suc au moyen duquel les natifs empoi‑ sonnent des cours d'eau pour pêcher à coup sûr ; les lianes enfin qui atteignent ici l'épais‑ seur du bras et laissent échapper une sève sanglante lorsqu'on les coupe.

Je suis tout étonné de trouver un oranger sauvage, un oranger épineux en fleurs ; j'en détache une branche, et je pense en souriant que ce n'est pourtant pas là le pays que rêvait Mignon !

Le botaniste ne serait pas seul à s'émerveiller dans ces jungles vierges : le naturaliste s'extasierait comme lui devant l'exubérance de vie animale qui éclate de toutes parts ; le poète y retrouverait l'Éden terrestre et y chercherait la trace de nos premiers parents.

Un de mes plus grands plaisirs, lorsque nous ne chassons pas et que nous rentrons au camp de bonne heure, est de partir tranquillement, seul sur un padd, à éléphant. Je longe la lisière de la forêt, ou même j'essaye de m'engager dans les clairières, et je m'enivre du spectacle de la vie sauvage...

Un peuple de singes folâtre d'arbre en arbre ; ils s'arrêtent parfois, se réunissent pour tenir conseil et repartent de plus belle.

J'assiste à une vraie conversation entre quelques membres de cette communauté. Une famille gambade devant moi : la mère, une grasse guenon, aux yeux doux, à l'air tendre, entend du bruit ; elle appelle ses petits et les réunit autour d'elle, puis envoie le père en reconnaissance. Celui-ci grimpe au haut de l'arbre, regarde et rejoint terrifié sa tremblante épouse. Il a vu un éléphant, et semble en quelques gestes éloquents en faire une effrayante description. Aussitôt tous les membres de la famille de sauter, de plonger, de disparaître, plus vite les uns que les autres.

Ces scènes de famille ne nous empêchent pas de leur envoyer quelques coups de fusil, d'autant plus que nous n'en aurons pas l'occasion aux Indes mêmes, où les singes sont sacrés. Ici, les Népaulais s'émeuvent peu de leur mort. Seul Ali, le fidèle Ali, nous prédit une foule de catastrophes. Il nous raconte l'histoire d'un Anglais de sa connaissance qui ayant tué, l'an passé, un singe au mont Abou, eut sa voiture cassée quelques heures après.

Rien n'est plus curieux que de voir un de ces singes, en train de sauter d'une branche à une autre, s'arrêter net, frappé en chemin par une balle de 450, et plonger subitement, les bras étendus. D'autres fois, ils ne sont que blessés et leurs mains crispées les retiennent suspendus à une branche. Il faut qu'une autre balle vienne mettre en mouvement leurs muscles extenseurs; alors, dans l'agonie, leurs doigts se relâchent et ils tombent lourdement, la face contre terre.

Nous remarquons deux espèces de singes.

1° Le petit macaque jaune que nous sommes habitués à voir partout, et à qui on fait exécuter toutes sortes de tours (*Macacus radiatus*). L'un d'eux vient grossir notre expédition; c'est un jeune mâle que mon cousin a blessé. Il le rapporte au camp dans sa howdah, et nous le plaçons avec tous les soins possibles dans notre tente. Il remue encore, le pauvre petit; Léon s'apitoie et se transforme en bonne d'enfant : le singe sanglote, son corps chétif se soulève par saccades et il fait entendre des cris plaintifs. Nous passons la visite médicale; il n'a qu'un plomb à la tête. Nous lavons sa blessure et l'étendons sur une couverture. Il se couche tout de son long, étend ses pattes et pose doucement sa tête sur l'oreiller. Léon lui présente une coupe avec de l'eau. Il est trop faible et ne veut pas boire; il fait la moue et cligne des paupières comme une vieille femme. C'est une scène touchante. — A force de bons soins nous arrivons à le rétablir, et c'est pour nous un compagnon de plus.

2° Le grand babouin à face noire entourée

d'un collier de barbe blanche *(Semnopithecus entellus)*. Il a une ressemblance frappante avec certains vieillards de ma connaissance. Il atteint plus d'un mètre. On le dit parfois dangereux ; je ne m'en suis jamais aperçu.

Mais c'est la faune ornithologique qui frappe le plus celui qui pénètre dans ces bois. Le collectionneur peut faire une ample récolte d'oiseaux de toute couleur et de toute taille.

On est d'abord frappé par le cri perçant du horn-bill *(Dichoceros bicornis)*, et vraiment c'est un oiseau plaisant ; il est de la grosseur d'un faisan, noir avec la poitrine blanche ; sa particularité consiste dans son bec jaune, énorme, surmonté d'une protubérance monumentale ; et lorsque nous le voyons s'enfuir, volant par saccades, la queue en l'air, le cou tendu, sous la charge de cet édifice nasal, nous ne pouvons nous empêcher de rire, et de penser que le Créateur, après avoir donné la bravoure au coq, la beauté au paon, a créé le horn-bill en manière de divertissement.

Pourtant, si nous voulons étudier ses mœurs, nous sommes frappés des nombreux enseignements philosophiques que nous y trouvons. Le horn-bill est un énergique ennemi de l'émancipation de la femme. Quand la sienne a pondu dans un tronc d'arbre, il vient la murer entièrement, ne laissant qu'un petit trou ouvert pour lui passer des aliments. C'est alors qu'apparaît l'usage de ce bec bizarre : il s'en sert comme de truelle. On aura beau prétendre qu'il ne veut que la protéger contre les oiseaux de proie, je qualifie ce procédé du nom de séquestration.

Les perroquets, dont le plumage se confond avec les feuilles, voltigent de branche en branche, en faisant entendre un caquetage continuel : les espèces les plus communes sont la petite perruche verte (*Palœornis torquatus*), et le perroquet à col rouge.

De tous côtés, d'ailleurs, les couleurs les plus variées et les plus brillantes étincellent comme des joyaux dans la verdure : c'est le loriot d'or ou oiseau de mango, jaune avec les ailes noires (*Oriolus melanocephalus*); le cardinal, dont le nom suffit à indiquer la nuance (*Peri-*

crocolus speciosus) ; le geai bleu et le pigeon à gorge verte *(Osmotreron bicinta)*, etc.

Le long des rivières nous trouvons une foule d'oiseaux d'eau : les échassiers, toujours réunis, semblent tenir des conseils de guerre; ils se plaisent sur les sommets, et l'on est tout étonné de voir çà et là se dresser au milieu des bois, ainsi qu'un gigantesque plumet, quelque grand arbre chargé d'une foule de cigognes et de marabouts. L'*ahur* ou aigle pêcheur noir guette près de la rive l'instant où il pourra fondre sur quelque proie. L'oiseau serpent *(Plotus melanogaster)*, replie son long cou sur sa poitrine quadrillée. Au loin retentit le cri : *Looraki!* qui vibre comme une cloche ; c'est le *Kookoo ghet*, assez semblable à un faisan brun.

Voilà le tableau de la jungle et de ses habitants. La *Sal Forest* est toute différente; tandis que la première est un fourré, celle-ci est une futaie. Elle ne contient guère qu'une essence d'arbres, le sal *(Shorea robusta)*. C'est un arbre élevé, très droit, dépourvu de branches jusqu'à la hauteur de cinq ou six mètres. De grandes feuilles larges se détachent du tronc même, et donnent au bois une teinte verte, qui frappe à première vue. Les pieds sont espacés et semblent exclure toute autre végétation. A terre, un tapis de feuilles, pas de broussailles; çà et là une clairière remplie de grandes herbes. Du haut de l'howdah, et abstraction faite de la profondeur du taillis, ces clairières vertes, bordées d'un côté par un petit ruisseau et entourées de grands arbres, qui donnent peu d'ombre, me rappellent certains coins des forêts de Normandie sur la fin de l'automne.

Des bois semblables s'étendent sur une grande partie de l'Assam. On y remarque des espèces d'édifices en terre atteignant parfois deux mètres et qui, par la série des stalagmites dont elles sont surmontées, rappellent la toiture hérissée de certaines cathédrales : c'est l'ouvrage cyclopéen des fourmis blanches, et c'est là qu'elles se réfugient, lorsque la saison des pluies les chasse du feuillage.

N'était le climat malsain du Teraï, cette forêt serait un charmant lieu de retraite. On y jouirait d'une paix profonde; les éléphants

y circulent librement et le silence n'y est troublé
que par le craquement des feuilles, écrasées sous
leur poids puissant.

Pour la traverser, je m'accroupis tant bien
que mal au fond de ma howdah, et n'ayant
à m'occuper ni du gibier, ni des branches,
je me laisse aller à la secousse régulière et
monotone de la marche. Je suis tenté de
chanter — tout seul, hélas! — le duo de *Mi-
reille* :

> O Magali! ma bien-aimée,
> Fuyons tous deux, sous la ramée,
> Au fond du bois silencieux...

Quant aux « hôtes de ces bois », ils ne se
montrent guère, où plutôt ils ne se montrent
pas du tout : je ne m'en plains pas; c'est un
bonheur parfois de pouvoir goûter le calme
parfait.

Ce n'est pas encore là le champ où doivent
se dérouler nos exploits cynégétiques ; nous
le trouverons sur l'autre bord de la Kosi.

La rivière a une trentaine de mètres de
large et est assez rapide. Aussi ne pouvons-

nous la franchir qu'à de certains endroits. Les éléphants sont de médiocres nageurs, surtout quand ils sont chargés; leur faire perdre pied est alors dangereux, ils peuvent tourner et se noyer.

La rive droite est en partie marécageuse et couverte de roseaux : ici l'eau a séjourné après les inondations, là est un ancien lit de rivière, une *nullah*. On ne peut avancer que lentement, parce que les éléphants enfoncent. Tel de ces marais ne sèche jamais, même partiellement ; il est alors imprudent de s'y risquer. Des étangs couvrent des espaces jadis habités, maintenant abandonnés; nous retrouvons parfois au milieu des lagunes, des piquets qui sont les dernières traces d'un village inondé; les bords de ces bassins sont couverts d'arbustes épineux; l'eau est cachée par les roseaux ou par des touffes épaisses d'une plante à feuilles aiguës, rappelant l'odeur du cardamome ; elle atteint dix à douze pieds de haut et est appelée par les natifs *taradham*.

Çà et là nous trouvons des boqueteaux ou des bandes boisées dont les arbres sont assez distants les uns des autres. Ils appartiennent à une espèce de mimosa épineux. La marche y est pénible. L'éléphant n'aime pas casser les branches qui le blessent. Il est, d'autre part, assez difficile de les couper; le bois est trop sec; on est souvent réduit à tourner l'obstacle.

Cette végétation croît surtout sur les bords mêmes de la Kosi. Plus loin nous trouvons des terrains sableux, secs, couverts d'une herbe serrée qui monte jusqu'à quatre mètres et d'où les howdahs émergent à peine. Cette herbe pousse également sur les *surs* ou îles formées d'alluvions, qui sont isolées au milieu des anciens lits desséchés de la rivière, et font une tache verte sur la blancheur du sable. Elle prend différents noms : *Bambougrass*, *Nurcot* ; toutes les variétés peuvent se ranger sous le nom générique d'*Elephantgrass*.

Le gibier de toute espèce abonde dans cette région : les oiseaux s'envolent à notre approche, surtout lorsque nous poursuivons un tigre, et que nous ne pouvons pas tirer autre chose. Les paons semblent alors nous narguer, s'enlèvent avec bruit, et font briller lentement sur nos têtes leurs tuniques chatoyantes. Rien de plus beau que ces grands oiseaux, lorsqu'ils se laissent glisser dans les airs, entraînant à leur suite une gerbe de saphirs et d'émeraudes. Ils semblent se complaire en eux-mêmes, et à l'instar du roi des anges, « vivre de leur orgueil ». Mais, au poète qui aime à voir fuir lentement le plus beau des oiseaux, au-dessus des jungles où gîte le tigre, succèdent vite le chasseur et le naturaliste, désireux l'un de s'offrir un beau coup de fusil, défendu aux Indes, — l'autre, de mettre dans sa collection un échantillon du *Pavo cristatus*, tué au Népaul.

Dans le même habitat que le paon, nous trouvons généralement son congénère de la famille des gallinacés, le petit coq bankhiva *(Gallus ferrugineus)*. Il se promène fièrement, dressant sa queue, faisant briller sa collerette de feu, et piaillant gaiement. Son plumage serré le met à l'abri de notre plomb, et il nous échappe le plus souvent.

La gent ailée n'est pas seule brillamment représentée sur les rives de la Kosi. De nombreux mammifères s'y pressent, et y vivent aux dépens les uns des autres : le hogdeer, dont j'ai déjà parlé, petit cerf de moindre taille que le nôtre, mais portant aussi de vrais bois. Les hogdeers foisonnent dans les hautes herbes, se lèvent sous les pieds mêmes des éléphants, courent effarés dans toutes les directions. Lorsque nous tirons tout, il nous arrive de décharger sur eux plus de cent cinquante coups de fusils par howdah dans la même journée; il est vrai que ces animaux, parfois entrevus un instant, plus souvent devinés au mouvement des herbes, sont faciles à manquer. Ce tir est pour nous un excellent exercice.

Des familles de sangliers vivent en bonne intelligence avec les hogdeers. En dépit des assertions de naturalistes anglais, qui ne peuvent pas admettre qu'un animal d'une espèce vivant en Europe se retrouve aux Indes, ce sanglier est parfaitement le même que chez nous. Sa bravoure n'est pas moindre, et c'est, comme je l'ai dit, le principal objet de terreur pour les éléphants.

Dans cette jungle vivent aussi des troupeaux

de buffles domestiques, devenus à demi sauvages mais ayant gardé la stupidité de la servitude : devant le chasseur qui s'avance, le tigre glisse en décrivant des courbes parmi les herbes qui ondulent sur son passage, ou bondit par-dessus les obstacles; le cerf s'enfuit d'une course vertigineuse; le sanglier fond sur l'ennemi qu'il ne peut éviter; seul le buffle reste coi, remuant lentement sa masse, faisant halte de temps à autre pour brouter ou pour écouter. Nous avons beau nous approcher : l'absurde animal reste comme en arrêt devant nous, la tête renversée, nous fixant de ses yeux bêtes. Puis il fait quelques mètres d'un galop saccadé, rue, et se retourne de nouveau pour regarder. Si nous laissions faire tous ceux que nous rencontrons, nous aurions bientôt devant nous de vrais troupeaux qui gêneraient la chasse et le tir. Aussi, quand nous nous heurtons à une bande de buffles, brisons-nous la ligne, laissant ouvert au milieu un espace de cinquante mètres; un éléphant se détache de l'aile, et décrit un arc de cercle pour forcer les ridicules bestiaux à s'enfuir par la trouée.

La ligne se referme et la chasse continue.

Buffles, cerfs et sangliers ont un ennemi redoutable qui se plaît surtout dans les hautes herbes, et que nous allons enfin aborder, *le tigre.*

IV

L'histoire naturelle distingue deux variétés de tigres: le tigre royal du Bengale, c'est-à-dire le tigre de la plaine (*Felis tigris*, var.

fluviatilis), et le *hill tiger* ou tigre des montagnes (*Felis tigris*, var. *montanus*). C'est à ce dernier surtout que nous aurons affaire : il
diffère du premier par sa taille plus ramassée;
il est moins long, plus haut sur pattes, plus
trapu et sa coloration est plus foncée. Ici
comme ailleurs, nous voyons se vérifier la loi
de Darwin, confirmée par Haeckel, à savoir
l'adaptation au milieu. Le *Tigris montanus*
n'est qu'une variété du premier, dont les
caractères se sont appropriés aux nécessités
de la vie sur les hauteurs : il a plus souvent
à bondir qu'à courir, de là les particularités
de sa structure.

Les chasseurs classent ordinairement les
tigres en trois catégories, d'après leur mode
d'alimentation :

Le *game killer* (tueur de gibier);

Le *kattle lifter* (celui qui vit de bestiaux);

Le *man eater* (mangeur d'hommes).

Le premier, plus fort et plus dangereux
que le second, est moins commun aux Indes,
excepté dans les jungles des Sundarbands; au
dire des tenanciers du pays, il rend de véritables services à l'agriculture, en gardant pour

ainsi dire les champs, qu'il protège contre les dévastations des cerfs et des sangliers. Sanderson le considère en ce sens comme un animal utile, et va jusqu'à souhaiter que la race n'en soit jamais détruite.

Le *kattle lifter* est le plus répandu dans la péninsule. Il enlève de temps à autre une vache ou un buffle dont il se nourrit pendant plusieurs jours ; à part cela, il est inoffensif et n'inspire aucune terreur dans le pays où il vit.

Quant au *man eater*, il est heureusement assez rare. C'est ordinairement un *kattle lifter* qui, blessé ou affamé, s'est jeté sur un homme, et a trouvé la proie appétissante et facile. Le tigre devenu *man eater* est l'animal le plus dangereux qui existe : il connaît l'homme et ne fuit plus devant lui ; il l'attaque même en plein jour et préfère sa chair à tout autre aliment. Nous n'avons du reste entendu parler d'aucun animal de ce genre pendant nos chasses.

Les tigres abondent dans le Teraï du Népaul ; ils n'y sont jamais chassés ; les Anglais s'en abstiennent, parce qu'une pareille expédition est fort chère, difficile à organiser, enfin et surtout parce qu'ils ne peuvent obtenir de permission pour pénétrer dans cet État indépendant. Les indigènes vivent en bonne intelligence avec les félins auxquels ils payent malgré eux, mais sans révolte, un impôt prélevé sur leurs troupeaux. Loin de les troubler, ils les protègent même. J'ai vu des natifs connaissant parfaitement le gîte d'un tigre, refuser de le livrer ; ils ont une crainte superstitieuse des vengeances auxquelles pourrait se livrer l'âme du fauve.

Si d'ailleurs il prenait à quelqu'un d'entre eux la fantaisie de poursuivre un tigre, le chasseur serait puni par le gouvernement qui, dans son autocratie toute-puissante, se réserve la destruction des animaux féroces.

Nous avons la chance d'arriver au Népaul après de fortes inondations. Il est vrai que la route nous sera barrée en plus d'un endroit, et que nous ne pourrons remonter la vallée très haut ; mais les troupeaux ont été refoulés vers la plaine, les tigres les ont suivis, et il s'est fait comme à notre intention une concentration naturelle du gibier, qui nous permettra de tuer beaucoup sur un petit espace.

Le terrain que nous avons battu pendant six semaines ne s'étend pas sur plus de vingt milles de longueur, et cependant la chasse a été fructueuse : il nous est arrivé de tuer onze tigres au même endroit.

Voici d'ailleurs comment nous procédons.

Le gouvernement du Népaul nous a envoyé des chasseurs indigènes avec leurs éléphants ; à leur tête est un certain Djaï, officier du maharajah, petit homme au nez aplati, aux yeux relevés et fendus, au front fuyant, qui rappelle assez exactement le type thibétain. C'est un excellent limier, il n'a que le défaut d'être trop civilisé et d'avoir fait trop intimement connaissance avec le whisky.

Outre les chasseurs attitrés, nous avons ici, comme aux Sundarbands, un Chougran, c'est-à-dire un villageois passionné pour la chasse, qui excite la jalousie des autres, mais qui connaît son métier mieux qu'eux, et nous fournit souvent les meilleurs renseignements.

Les shikaris partent de bonne heure dans différentes directions, interrogeant les natifs ; ils parcourent le pays et viennent nous faire le rapport. S'il y a un *khobber*, nous nous y rendons : c'est l'équivalent du mot *buisson* en style de vénerie.

Ce khobber se reconnaît ordinairement au *kill*, c'est-à-dire au cadavre d'une vache ou d'un autre animal tué par le tigre. Les chasseurs attachent bien des vaches et des buffles pour attirer le fauve ; mais celui-ci se méfie de cette largesse qui ne lui semble pas naturelle, et préfère ordinairement enlever une pièce de bétail en liberté.

Le kill est signalé par certains animaux : d'abord par les corbeaux et les vautours, puis par les chacals et même par les singes qui, je ne sais trop pourquoi, peut-être par simple curiosité, viennent rôder autour. J'ai dit que lorsque les vautours planent, en décrivant des cercles autour d'un endroit, ou viennent se poser sur un arbre voisin en criant, on peut être sûr que le tigre n'est pas loin : tant qu'il est là, les oiseaux n'osent pas toucher à sa proie. Lorsqu'ils s'abattent, c'est que le tigre est parti ; ils sont à leur tour vite chassés par les chacals, qui arrivent furtivement de tous côtés, comme s'ils s'étaient donné rendez-vous auprès de la charogne.

Le khobber connu, nous partons à la file, *single line*. Nous emmenons généralement une cinquantaine d'éléphants. Quelques-uns, fatigués, restent au camp; d'autres emportent dans diverses directions des Shikaris qui poussent une reconnaissance pour le lendemain; les autres enfin vont aux provisions, cherchent des fourrages ou des feuilles pour leurs camarades.

Arrivés à une certaine distance de l'endroit où nous supposons que gîte le tigre, — bois fourré, jungle de hautes herbes, ou tout autre terrain, — nous nous formons en front de bataille sur une ligne de près de trois cents mètres de large, séparés l'un de l'autre par trois ou quatre éléphants batteurs, et nous nous portons en avant. Les premières fois, nous trouvons de grandes difficultés à maintenir notre front; la droite peut en effet être retardée par un passage de rivière ou une marche dans le bois, tandis que la gauche avance, et réciproquement; peu à peu cependant nous nous habituons à cet ordre et le ralliement se fait sans trop de peine.

Lorsqu'on marche contre un tigre, on a la

consigne de ne tirer aucun autre animal de peur de donner l'éveil ; mais la nature semble positivement se moquer de nous, car c'est toujours dans ces moments-là que nous voyons le plus de gibier. Parfois le tigre a décampé, et nous cheminons quatre ou cinq heures sans résultat, éreintés par la secousse des éléphants et brûlés par un soleil de feu : que de regrets, alors, sur tout ce que nous avons laissé échapper !

Lorsque le tigre est surpris sur pied ou réveillé par le bruit, il cherche à filer dans les herbes et à s'enfuir. La tentation est grande alors de lui envoyer un coup de fusil ; mais mieux vaut ne pas le tirer de loin : il court rarement à une longue distance d'une seule traite, et en le poursuivant on a chance de l'approcher à une bonne portée, c'est-à-dire à une quarantaine de mètres.

Souvent surgissent à ce propos des incidents amusants : comme nous sommes presque tous novices en cette chasse, et que c'est la première balle qui compte, tout le monde veut tirer d'abord, et sous prétexte de marcher sur le tigre, on rompt la ligne. Vous verriez alors chacun dans sa boîte, cherchant à lancer son éléphant, sur lequel il n'a aucun pouvoir, cherchant surtout à devancer ses voisins, criant de toutes ses forces, jurant et trépignant dans son impuissance... Si je ne craignais le ressentiment de mes compagnons, je tirerais sur un buisson au hasard, en criant : *Bhâg !* afin de m'amuser à voir toute la ligne pétaráder à qui mieux mieux sans rien voir, pour courir la chance de la première balle.

Le tigre est parfois abattu de fort loin : nous avons tué une tigresse à près de deux cents mètres.

Ce jour-là, le 29 mars, nous avions traversé la rivière de bonne heure et ce n'est pas sans un certain effroi que j'avais entendu M. Williams parler de *single line.* « Cela ne présage rien de bon, me dis-je, nous allons en avoir pour deux heures à marcher avant de former la ligne ». En effet, nous traversons une jungle brûlée, puis arrivons à un petit village frontière, où nous sortons du Népaul. Une ligne de piquets, c'est tout ce qui indique le changement de domination. Nous passons le lit de la Kosi desséchée ; je pense aux dessins de Gustave Doré en voyant les éléphants marcher en file, détachant leur masse noire sur l'immensité blanche des sables. Leurs oreilles, qui battent régulièrement au vent, font saillie sur leur profil uniforme, tandis que leurs trompes se dressent, cherchant à aspirer l'air humide. Je me figure ainsi les bandes de gigantesques mammouths descendant, les uns après les autres, à la rivière, dans les plaines, chaudes alors, de la Sibérie. C'est vraiment une scène des premiers âges du monde, que nous voyons se dérouler devant nous, et j'attends l'inondation subite qui engloutira ces lourdes bêtes et roulera leurs ossements géants dans quelque crique écartée où ils formeront un nouvel ossuaire... On y retrouverait encore cette fois, — et plus légitimement peut-être que les autres, — des traces de l'homme quaternaire, et je me divertis à penser que les savants des deux mondes s'accorderaient probablement à voir, dans les crochets des mahouts, les armes terribles au moyen desquelles les premiers habitants de ces forêts se défendaient contre les attaque des fauves.

Ces rêveries m'amènent jusqu'à une île de hautes herbes d'où émergent seuls les dos des éléphants, et çà et là les trompes braquées en l'air. Au passage du ruisseau qui la borde, une lutte s'engage entre deux éléphants, ou plutôt entre deux mahouts qui se servent de leurs animaux l'un contre l'autre. C'est un Népaulais et un Hindou, que sépare la haine de nationalité, ou l'antipathie de race, si l'on veut me permettre d'employer ces deux mots sans soulever les difficiles questions qu'ils évoquent. De quelque côté que soit le bon droit, je préfère contempler cette lutte de loin. On ne sait jamais ce qui peut arriver, et je ne suis pas très sûr de mon éléphant. On finit d'ailleurs, — et non sans peine, — par séparer conducteurs et montures.

Nous battons l'île en tous sens et sans plus de succès d'un côté que de l'autre : sur trois tigres annoncés, nous n'apercevons pas la queue d'un seul.

En désespoir de cause, nous émigrons dans une île voisine pour nous livrer à l'aise à un « general shooting » (tir de tout gibier). Ici, les herbes sont plus basses et généralement desséchées. Au milieu de la plaine, s'élève une bande de verdure, formée de touffes de roseaux qui croissent le long d'un petit cours d'eau. C'est à peu près la ligne que suit le colonel; M. de Boissy est à sa droite et moi à sa gauche. Le colonel, dont nous apprécions mieux chaque jour les qualités, ne perd jamais son calme ; il regarde partir un tigre comme une bécassine, et, qu'il tire le premier ou non, se montre toujours content; jamais il ne se plaint de ce qu'un autre cherche à lui prendre son tour.

Tout à coup, il me dit avec un sang-froid admirable : « Il y a un tigre devant nous. » Je fais comme si je n'avais pas entendu, et sans que personne s'en aperçoive, j'oblique insensiblement à droite, pour devancer les autres. — Que voulez-vous? en chasse, on est égoïste !

Aussitôt, mon éléphant donne un coup de trompette, et devant le colonel débouche un énorme tigre. Rien de plus beau que cet animal superbe, à la peau rayée de noir sur fond roux, franchissant d'un seul bond, sans effort, des touffes de trois et quatre mètres de hauteur.

Nous lui exprimons notre admiration par une salve bien nourrie; il n'en fuit pas moins au petit galop : puis je ne vois plus que du feu; car après la pétarade de nos trois fusils la ligne fait subitement conversion à droite, et une décharge générale s'ensuit. La fumée se lève, un tigre est là : est-ce le même? en est-ce un autre? Je n'ai jamais pu tirer la chose au clair, et je reste persuadé que les tigres ont des relations diaboliques.

Quoi qu'il en soit, un tigre est devant nous, filant à découvert, à cent cinquante mètres. On force le pas des éléphants; j'enrage, pour ma part, de ne pouvoir faire avancer le mien; c'est une grosse éléphante qui continue obstinément à marcher de son pas régulier, en dépit des coups de hache que lui administre, par derrière, un autre mahout détaché à son service... (Voyez un peu quelle complication : un éléphant pour me porter, et un éléphant pour porter l'homme qui frappe le mien!) Cela ne m'empêche pas, heureusement, de saluer encore le tigre; seulement je le tire à deux cents mètres au lieu de cent cinquante.

Il tombe enfin, et je ne m'explique pas

comment ; car, visé par chacun des tireurs de la ligne, il devait fatalement échapper à tous. Il faut croire que le sort en avait décidé autrement, et que la dernière heure de l'animal était sonnée.

C'est une grande tigresse de huit pieds neuf pouces que nous venons d'abattre. Naturellement les commentaires commencent aussitôt : d'après les uns, il y a deux animaux, car nous avons tiré d'abord un mâle; pour les autres, il n'y en a qu'un. M. de Boissy ne discute même pas : c'est son tigre, il en est sûr. Le docteur arrive pour ramasser son gibier, et reconnaît son trou de balle. Quant à mon cousin, il l'a vu rouler sur son coup. Je me tais, n'aimant pas les querelles, surtout celles-là. J'en suis singulièrement récompensé car, après un long examen, on crie : « Qui a tiré une balle de 450? » Tout le monde se tait, excepté moi, qui en ai tiré quatre... Hourra ! la première balle est de moi; le tigre m'est adjugé.

Nous nous dirigeons vers le camp avec nôtre proie que je me promets de photographier au retour. Cependant l'horizon devient d'un jaune mat qui a quelque chose d'étrange et de menaçant. Peu à peu le ciel s'assombrit pour passer au noir d'encre. Le vent, qui souffle avec furie sur le lit desséché de la Kosi, entraîne des nuages de sable qui viennent nous aveugler. Nous hâtons la marche en file; bientôt un coup de tonnerre éclate et la nuée s'entr'ouvre pour fondre en pluie sur nos têtes. Si quelqu'un pouvait nous contempler de sang-froid, il aurait de quoi se divertir : mon cousin apparaît le premier accroupi dans le fond de sa howdah, on ne voit que le dessus de son parapluie qui lui sert de carapace. Moi-même je suis aussi sans chapeau, la tête emmaillottée dans une grosse couverture; je tâche en vain de fumer, m'efforçant de souffler plus fort que le vent. Quant au colonel, il reste debout, immobile, son plaid sur les épaules, et semble la personnification d'un dieu antique. Il est aussi calme que devant le tigre : vent, pluie et sable glissent sur lui sans le toucher.

Nous rentrons pourtant sains et saufs. Le duc de Montrose nous quitte le soir pour gagner Bombay où il s'embarquera pour l'Angleterre. Nous ne sommes plus que huit ; j'ajouterai même, comme dans la chanson : « Mais quels huit ! »

Le lendemain, nous nous apercevons que l'orage qui nous a si fort trempés, a d'heureuses conséquences ; il a dégagé le ciel et nous voyons l'Everest élever ses sommets neigeux au-dessus de l'horizon. Le pic semble isolé et dégage nettement son profil sur l'azur : huit mille huit cents mètres, c'est le plus haut sommet du monde. Et pourtant, à le voir, rien ne dénote en lui le géant des montagnes : sa cime arrondie, avec ses deux bosses, offre un spectacle assurément moins saisissant que l'aiguille de la Jungfrau ou l'arête tranchante du Matterhorn.

C'est sur la rive droite de la Kosi que nous tuons tous nos tigres ; d'après l'opinion commune, il est à peu près impossible d'en tuer de l'autre côté, dans le « Sal Forest », nous avons vu pourquoi. J'ai pourtant eu la chance d'en abattre un sur ce terrain condamné, et cela dans les conditions les moins favorables à un pareil genre de chasse. On me pardonnera de mettre quelque complaisance à ce récit.

Un jour, on nous signale une tigresse dans la forêt : elle est avec ses petits, tout jeunes, nous dit-on, et cela redouble notre convoitise : qui sait s'il ne serait pas possible de les prendre vivants? Djaï, le shikari népaulais, prétend les avoir aperçus, le matin même, jouer dans le bois : je crois bien qu'il a vu plus de wisky que de tigres, mais nous n'en faisons pas moins notre plan de bataille.

L'intéressante famille est gîtée, selon toute vraisemblance, au fond d'une petite ravine formée par le lit d'un ruisseau desséché. Nous nous distribuons sur les deux bords, et longeons le fossé jusqu'au point où il rejoint la rivière. Par malheur, nous commettons la faute de ne pas placer d'éléphants batteurs au fond même de la ravine. Aussi atteignons-nous l'extrémité sans que rien ait remué.

Djaï commence à insinuer que peut-être les petits tigres n'étaient que des chacals.

Nous sommes prêts à abandonner la partie; pourtant, comme il nous faut en tout cas remonter la vallée, nous plaçons, par acquit de conscience, un petit éléphant dans le lit du ruisseau, et nous repartons, sans trop nous inquiéter de la « ligne », assez difficile à conserver ici, puisqu'elle doit toujours former un angle droit avec le ravin et que celui-ci est fort sinueux. Un coq que je tire ouvre le « general shooting », et chacun se dirige à sa fantaisie. Moi seul, je serre d'assez près le ruisseau, à gauche, tout en abattant çà et là des oiseaux, notamment un superbe *cardinal*, écarlate, tacheté de noir.

Soudain j'entends le mahout au fond du ruisseau crier : *Bhâg !*

J'étends immédiatement la main au-dessus de la tête de mon mahout pour lui indiquer la direction. Il a compris, et mon grand éléphant presse le pas.

Je me garde bien d'appeler les autres ; — pourquoi les déranger ? — Mais mon cousin qui me voit tourner subitement et accélérer le pas, se doute de quelque chose, et commence aussitôt à se démener dans sa howdah afin de me rejoindre.

Je me hâte de traverser la ravine ; à peine suis-je de l'autre côté, que mon éléphant, en passant près d'un buisson, lève la trompe, pousse un véritable rugissement et se met à filer au grand galop en droite ligne, à travers la forêt. Heureusement, cette petite plaisanterie dure peu, car je ne tarde pas à la trouver mauvaise. Certes, ce doit être un beau spectacle que de voir galoper dans les arbres ce géant aux longues défenses... mais je préférerais n'y être que spectateur ! Rien de cassé, fort heureusement : seule, une pièce de fer, fixée sur le devant de l'howdah, a été tordue par une branche. Je devine que le tigre a dû bondir contre l'éléphant sans que je pusse le voir : de là l'effroi qui a failli me coûter si cher.

Me voici remis ; je ne songe qu'à continuer la poursuite ; mon mahout m'indique le tigre ; je l'aperçois enfin courant devant moi à cent vingt mètres. Je ne veux pas le tirer de si loin et j'essaye de me rapprocher. Mais, sans prendre la fuite, il maintient toujours la même distance entre lui et mon éléphant. Pendant un quart d'heure, il reste ainsi trottant à ma portée, disparaissant derrière un arbre pour reparaître aussitôt. Il commence à m'exaspérer. J'arrête mon éléphant et tire deux coups de 577. L'animal me semble chanceler, puis je ne vois plus rien.

A ce moment, me rejoignent successivement M. Williams et mon cousin, suivis de deux ou trois petits éléphants batteurs. Mais je ne m'arrête pas. Mon mahout, qui a l'instinct de la chasse — ou du bakschich, poursuit tout droit, sans hésitation, et de temps à autre m'indique la piste. Par malheur, je ne distingue rien. Une réflexion me rassure : si, dans un bois comme celui-ci, le tigre ne s'enfuit pas, c'est qu'il est blessé.

Nous arrivons à une petite clairière de hautes herbes. « C'est là », me dit le mahout. Les petits éléphants ont pris à droite; nous leur faisons faire une conversion et prenons position afin de faire battre cette jungle sur nous. La battue passe dans le plus grand calme; rien ne bouge. Nous sommes furieux. Au moins, avant d'abandonner la partie, voulons-nous avancer nous-mêmes, mon cousin et moi. Nous ne sommes pas arrivés à moitié de la jungle que le tigre bondit à un mètre devant nos éléphants. Nous tirons simultanément quatre coups de fusil et M. Williams l'arrête à quinze mètres d'une balle dans le cou.

Ainsi les éléphants batteurs ont passé près du tigre sans qu'il bougeât; il était blessé et s'était rasé. Il nous a fallu marcher littéralement sur lui pour le faire lever.

C'est une belle tigresse de plus de huit pieds. Nous avons encore une fois la preuve du danger effroyable qu'on court dans la chasse à pied. Ma première balle lui avait traversé la cuisse; celle de mon cousin, une balle de paradox, entrée dans le flanc droit, avait percé le foie, le cœur, et s'était logée dans l'épaule gauche. Et avec une telle blessure, l'animal a encore eu la force de courir !

Je crois qu'une pareille journée est rare : tuer un tigre dans ces conditions est une chance qui ne se présente pas une fois tous les dix ans. Aussi rentrons-nous très fiers et très heureux dans notre camp.

Tous les jours ne sont pas aussi glorieux : en voici une preuve entre autres. Nous avons expliqué ici même que les tigres sont généralement inoffensifs au Népaul; ils se nourrissent de bétail ou de gibier, et respectent les indigènes. Eh bien, il faut pourtant avouer qu'on n'entend jamais sans quelque mouvement de crainte les rugissements du fauve auprès duquel on vient à passer. Bien que nous ayons conscience du peu de danger que nous courons, nous préférons toujours conserver quelque distance entre nous et lui... et ce sentiment-là nous a joué quelques tours.

Certain après-midi, rentrés de bonne heure de la chasse, nous formons, mon cousin et moi, le projet d'enrichir notre collection ornithologique en nous promenant sur la lisière du bois au coucher du soleil. Nous partons donc, emportant pour toute arme nos fusils 12, avec du petit plomb, et nous nous mettons à cheminer dans une herbe sèche qui nous arrive à la poitrine. Nous n'avons pas parcouru une distance d'un mille qu'à une trentaine de pas de nous, nous entendons un fort rugissement ; il n'y a pas à s'y tromper, c'est un tigre ; sans nous arrêter à réfléchir, nous prenons instinctivement nos jambes à notre cou et détalons le plus vite que nous pouvons. « Montons dans un arbre », m'écriai-je. Par une singulière ironie du sort, les quelques arbres qui se trouvent près de là sont nus comme pouvait l'être Hassan. Aussi ne faisons-nous pas brillante figure !

Nous nous rassurons enfin en nous disant qu'il s'agit peut-être seulement d'un éléphant en colère; mais au camp, on nous affirme que c'est bien un tigre et que nos chasseurs l'ont entendu. Comme nous regrettons maintenant notre précipitation ! Il est vrai qu'autre chose est chasser un tigre à pied avec un calibre 8 et des balles explosibles, — autre chose être surpris par lui avec un 12 et du petit plomb.

Il est des cas où cette sorte d'émoi physique est tout à fait excusable. Ainsi, pendant deux nuits de suite, un tigre vient rôder autour de notre camp, attiré sans doute par les poneys ou les bœufs qui conduisent nos chariots. Lorsqu'on est tranquillement endormi, et qu'une simple toile vous sert de muraille, il est fort désagréable d'être réveillé en sursaut par des rugissements tout proches. Nous sommes immédiatement sur pied, et, sans nous donner même la peine de nous vêtir, nous sortons avec des lanternes. La panique règne parmi nos animaux; les poneys se cabrent et essayent d'arracher leurs entraves; les bœufs affolés courent en tous sens; ce tumulte est dominé par des râles sourds, des grondements puissants qui glacent le sang dans nos veines. C'est une scène effrayante. Nous en sommes heureusement quittes pour la peur. Nos lanternes mettent en fuite le dangereux visiteur.

Enfin, lorsqu'on marche en ligne de bataille sur un tigre, il est rare qu'il tienne tête : cela peut arriver pourtant. Pendant notre expédition, il en est un qui, se voyant acculé, a sauté sur l'éléphant du duc d'Orléans, en faisant courir à celui-ci les plus grands dangers. Cet épisode est trop intéressant pour que je l'omette.

Le 26 mars, on nous annonce une tigresse et ses deux petits dans une jungle que nous avons battue le 24. C'est un bois peu élevé formé de buissons très fourrés; certains ont un feuillage semblable à celui du rhododendron, d'autres sont épineux; tous sont recouverts de véritables nattes de plantes grimpantes, de lianes qui en rendent l'accès très difficile. Ce bois est bordé d'un côté par une rivière sinueuse, large d'une vingtaine de mètres, mais que nous ne pouvons traverser partout à cause de la vase.

Le rapport nous est fait par un chasseur natif qui, dans la suite, nous donnera plusieurs tigres sans se tromper jamais. Il est de beaucoup supérieur à Djaï, le shikari qu'ont amené les Népaulais. Ce dernier, d'ailleurs, ne se distingue guère que par la laideur de sa face jaune et grimaçante et la tunique bleue qu'il ne quitte jamais. Bien qu'il se prétende bon Hindou, il ne craint pas de perdre sa caste en sifflant bel et bien une bouteille de whisky par jour. A ces diverses qualités, il joint la plus noire jalousie, et nous sommes obligés d'en contenir les élans, car ce vice lui ferait sacrifier les tigres qui ne sont pas de sa provenance.

Nous entrons dans le fourré et le battons parallèlement à la rivière; presque tous les fusils se tiennent à l'aile droite, c'est-à-dire vers le milieu du bois. Nous descendons et atteignons presque l'extrémité sans avoir rien vu, lorsqu'on nous appelle près de la rivière où se tient madame de Morès. Une conversion à gauche, opérée dans un certain désordre, réussit néanmoins, puisque nous nous trouvons former, autour d'un buisson, un arc de cercle dont la rivière est la corde, et dont le rayon est, au maximum, d'une quinzaine de mètres. Madame de Morès est à gauche, contre la rivière ; j'occupe à peu près le sommet de l'arc. Cependant nul n'ose marcher sur le tigre; je crois que les mahouts ont encore plus peur que les éléphants : ils s'interpellent à qui mieux mieux, chacun crie au voisin d'avancer, avec la pensée bien marquée de rester derrière.

Dans l'espoir d'un fort bakschich, mon mahout se décide ; il pousse son grand éléphant qui entre, masse énorme, brisant tout, secouant de sa tête puissante les buissons les plus fourrés, et, de ses longues défenses, rejetant à droite et à gauche tout ce qui l'arrête, comme on pourrait faire avec une fourche. Je continue à dominer la situation, mais les efforts titanesques dans lesquels s'épuise mon éléphant, se transmettent à ma howdah qui va de droite et de gauche, me secouant et me ballottant sans pitié. Il ne fait pas toujours bon d'être trop haut placé ; on est plus facilement atteint.

Madame de Morès se décide et tire un coup de fusil. La tigresse, acculée contre la rivière, frémit de colère. Elle a assez longtemps usé de ruse pour sauver sa progéniture ; elle se résout à la lutte et son souffle remplit de terreur la ligne des éléphants qui se brise aussitôt. Elle bondit alors, et s'en va lentement, superbe et confiante. Je suis forcé de la laisser aller : le trouble qu'elle a mis dans la ligne m'empêche de lui rendre l'hommage qui lui est dû.

Nous nous rejetons tous dans la direction où nous la croyons partie, et nous parcourons les buissons, assez découragés de la mésaventure. Djaï nous rappelle au bout de quelques minutes, au bord de la rivière, et nous montre un second fourré, à une cinquantaine de mètres du premier. Décidément, la tigresse n'a pas encore abandonné ses petits. Même manœuvre qu'auparavant pour entourer le buisson ; seulement, cette fois, les éléphants dégagent l'arc de cercle et en font, en quelque sorte, une clairière circulaire. C'est un spectacle curieux de voir cinquante éléphants marcher simultanément comme à un assaut pour frayer une voie. Tel d'entre eux rencontre un arbre qui résiste : il recule alors et revient à la charge, poussant avec la protubérance qui est située au milieu de son front, comme le faisait le bélier antique ; si l'arbre tient encore bon, il tâche de saisir les branches supérieures pour le ployer, il continue à peser avec son front et enfin, mettant le pied dessus, il appuie de toute sa force et passe comme un triomphateur.

Je me promets, cette fois, de ne pas entrer dans le fourré. C'est moins beau de rester dehors, mais on a plus de chances de tirer : soyons pratique !

Nous avançons : on n'entend aucun bruit, et, n'étaient les éléphants qui marquent leurs craintes par des coups de trompette répétés, ou frappent brusquement le sol avec leur trompe, on ne se douterait guère de la présence du fauve.

C'est mon cousin qui pénètre ; un éléphant népaulais le suit de près. La tigresse, aussitôt, accourt droit vers moi ; deux balles explosibles la font tourner. La muraille d'éléphants tient ferme. La bête alors se jette de côté et reçoit le même accueil du colonel ; sa fureur ne connaît plus de bornes : c'est donc en vain qu'elle a brisé une fois la vivante enceinte? ses ennemis sont impitoyables! Elle se retourne et voit l'éléphant du duc d'Orléans qui marche vers son gîte : on ne se contente pas de l'assiéger, on veut la forcer! au moins ne sera-ce pas impunément ; si elle doit mourir, elle vendra chèrement sa vie. Elle s'élance sur l'éléphant de Philippe, saisit la paroi de l'howdah et s'y accroche avec ses griffes... mais tout conspire à la trahir : le côté de l'howdah cède et elle retombe. Mon cousin, tirant un coup de fusil sans trop savoir où, se cramponne à l'arrière de l'howdah; son éléphant s'affole et la trompe tendue en avant, part au galop. Le duc d'Orléans a son fusil brisé en deux contre une branche. Il reste suspendu je ne sais comment à l'arrière. Heureusement l'éléphant s'arrête en rejoignant les autres et mon cousin glisse à terre.

Pendant ce drame, Morès et M. de Boissy traversent la rivière pour nous rejoindre, et tuent un petit tigre, qui s'échappe du buisson.

Quant à la tigresse, elle a disparu. Mais le lendemain, elle se laisse abattre à la même place sans opposer la moindre résistance.

Jusqu'à présent nous n'avons tué que des tigresses; les mâles s'enfuient dès que nous les apercevons, les femelles sont moins méfiantes, et plus nombreuses. D'ordinaire elles ne défendent pas leurs petits, mais elles ne les abandonnent qu'après que le mâle est parti. Nous ne voulons pas en rester là; il nous faut à tout prix un vrai *big male Bengal tiger*; l'occasion finit par se présenter d'en ajouter un à notre livre de chasse.

Voilà douze jours qu'on nous signale un vrai mâle, un vieux tigre presque légendaire, sur le compte duquel les villageois racontent des histoires fantastiques. L'année dernière M. Williams l'a vu sans pouvoir l'abattre; cette fois nous allons nous acharner après lui, et nous l'aurons, dussions-nous mettre un mois à le poursuivre!

Le 18 mars, sur la rive droite de la Kosi, le docteur placé à l'aile gauche voit fuir au galop un tigre de grande taille ; il le manque de ses deux balles. Les natifs assurent que c'est notre vieux mâle ; mais nous n'en avons plus connaissance pendant deux jours.

Le 21, nous partons de grand matin suivant la rive droite de la Kosi. Nous commençons par battre une jungle d'herbes hautes où nous ne trouvons rien, et de là nous passons dans un bois clair qui la borde, pour le battre parallèlement en sens inverse : rien non plus. M. Williams, qui tient l'aile droite, a l'idée de repasser dans les herbes d'où nous sortons, et bien lui en prend ; car le tigre se lève à deux cents mètres devant lui, file, arrive à une petite rivière qui traverse ces herbes, et se rase sur le bord. M. Williams tire dans l'eau pour l'empêcher de passer, mais le reste de la ligne avançant, l'animal se jette à l'eau, traverse la rivière et disparaît de l'autre côté.

Nous accourons tous et nous formons en ligne ; aucune trace du tigre : nul ne sait où il a passé.

Après trois quarts d'heure de recherches, nous lâchons pied et prenons le parti de revenir en fusillant des cerfs : dix coups par cerf et, le plus souvent, l'animal manqué, voilà le bilan. Morès et le docteur ont les honneurs de la journée en tuant un petit tigre à plomb.

Nous longeons tranquillement la rivière, M. de Boissy fume sa pipe en silence. Tout à coup une détonation éclate : je vois le tabac voler en l'air; le récipient seul reste aux lèvres de notre ami. Qu'est-ce à dire? un mauvais génie hante-t-il ce calumet? ou le souffle de M. de Boissy porte-t-il la poudre? grave problème. Le cas est, en vérité, curieux et mérite un rapport à l'Académie des sciences. Enquête faite, il appert que M. de Boissy ne se contente plus de ses fusils : il sème dans son tabac à fumer des cartouches de carabine Flobert. Pourquoi, grands dieux! Tout s'explique : le mélange s'est opéré par hasard dans une poche. C'est égal, à la place du héros de l'aventure, j'aurais tenu ma pipe, le fourneau en bas, pour tirer les tigres au besoin : on n'a jamais trop d'armes!

Malgré tant de déceptions, nous ne désespérons pas encore, et, le 22, nous repassons la rivière, en songeant toujours au grand tigre. Les chasseurs natifs hochent la tête quand on leur en parle : nous ne l'aurons pas, il est trop malin; pour eux, c'est l'incarnation d'un prêtre. Il ne mange pas, ce qui prouve bien son caractère spirituel; voilà une semaine qu'il n'a pas enlevé de vaches, et puis il devient subitement invisible; il n'a pas de garni fixe : ce n'est pas un animal ordinaire. J'ai beau leur expliquer que ce vieil épicurien préfère manger sans peine les cerfs que nous lui blessons, et qu'il fait une cure de venaison; que si nous ne le trouvons jamais au gîte, c'est qu'il découche, ce que font toutes les bêtes poursuivies. Ces arguments ne les touchent pas. Et, de fait, j'en viens à me demander s'ils n'ont pas raison, car nous n'apercevons plus aucune trace de notre invisible ennemi. De guerre lasse nous recourons au « general shooting », et j'ai le plaisir d'y tuer un boa à balle, mais un jeune, de trois mètres seulement.

Le 24, encore un joli coup de fusil : dans

la matinée, je descends d'une seule balle un tigre de sept pieds qui filait devant moi.

Mais c'est notre vieux mâle qui nous tient toujours à cœur.

Au lunch, on vient nous annoncer que le mystérieux animal a traversé la rivière et étranglé une vache dans une jungle qui fait suite à celle où nous sommes. Aussitôt, nous nous formons en ligne, ou à peu près, car cette jungle est fort épaisse. Aux difficultés qu'on éprouve toujours à pénétrer dans les ronciers, et à traverser de véritables réseaux de lianes, viennent se joindre celles que présente le passage de petits canaux à demi cachés dans les herbes ; de plus, les bûcherons ont travaillé en certains endroits et de gros arbres coupés sont encore maintenus au-dessus du sol par les buissons enchevêtrés. On ne peut donc marcher une minute en ligne droite, et c'est à peine si l'on voit les éléphants les plus proches. Encore ne faut-il compter pour la battue que sur ceux qui portent l'howdah ; les autres se mettent à la file, et aucun cri, aucun avertissement ne peut leur faire quitter cet ordre de marche. Personnel-

lement, je suis très bien partagé ; j'ai un éléphant prêté par le rajah de Durbungah, une
bête superbe, avec de grandes défenses cou-
pées à l'extrémité. Pour se frayer un chemin,
il les appuie sur les buissons et les écarte de
force. J'ai plus d'une fois l'occasion de me
rappeler la fable du chêne et du roseau ; ce
sont les arbustes flexibles qui donnent le plus
de mal à l'éléphant, car ils se relèvent aussitôt qu'on a cessé de les plier, tandis que
les gros arbres sont vite brisés.

Soudain les éléphants, placés à cent mètres
à ma gauche, se dispersent au milieu des
cris de terreur de leurs mahouts. Le tigre
s'est montré, à l'improviste, devant madame
de Morès, à quatre mètres de son éléphant,
de l'autre côté d'un petit ruisseau ; le mahout
le lui a en vain indiqué, elle ne l'a pas vu
et n'a pu le tirer...

Nous avons beau fouiller en tous sens ces
fourrés, il a de nouveau disparu... Je vou-
drais être un moment dans sa peau et pouvoir rire à mon aise, tranquillement caché
sous une touffe d'herbes, en train de faire
ma digestion, pendant que les éléphants tour-

neraient autour de moi, piétinant, déchirant, trompettant, battus par les mahouts qui, à leur tour, se laissent philosophiquement attraper par des chasseurs impatients. Quelle comédie nous lui donnons !

L'infatigable M. Williams propose un méchaum pour la nuit; il montera dans un arbre, attendant que le tigre vienne prendre son dîner devant lui, comme si rien ne s'était passé. Mais j'estime trop le noble animal pour lui faire l'injure de le croire aussi naïf, et je préfère laisser Williams et Morès en tête-à-tête avec leurs espérances.

Le 27, dans l'après-midi, on nous annonce que notre tigre (c'est toujours le même), a tué une vache à deux milles de la jungle où nous étions le 24. Il est très connu des indigènes, et traverse parfois le village en plein jour. Le propriétaire de la vache, armé d'un simple bâton, a essayé de lui faire peur, et l'a vu de près. Mais il est tard et nous sommes fatigués : l'expédition est remise au lendemain.

Le 28, nous entrons dans la jungle où l'animal est signalé. Je suis au centre de la ligne; à ma droite mon cousin, puis M. de Boissy, à l'aile. J'appuie à droite pour rejoindre le duc d'Orléans, et je le rencontre tranquillement arrêté à causer avec M. de Boissy sur le bord de la plaine. Comme je dois rester à la même distance de mon cousin, qu'il est lui-même de M. de Boissy, je me vois forcé de suivre son noble exemple. En sorte que nous nous réunissons tous les trois, fumant tranquillement, tandis que les autres se fatiguent dans le bois.

Cependant les arbres chargés d'oiseaux de proie annoncent la charogne, reste du repas du tigre. Sur la lisière un vautour est couché dans une touffe d'herbe, et tourne vers nous son cou décharné. Il est ivre de curée et semble ne plus pouvoir se traîner. Nous nous avançons pour le contempler de plus près. En apercevant nos trois éléphants, masses effrayantes qui d'un pas mesuré marchent sur lui, il sort de sa torpeur et s'envole tant bien que mal, se traînant ou courant. Voici les rôles changés ; cet oiseau qui part soudain sous leurs pieds, avec un fort bruit d'ailes, jette la terreur parmi nos éléphants. Et, malgré nous,

nous sommes mis en fuite par un vautour.

C'est le seul incident qui apporte un peu de variété dans cette marche. Nous sommes las de courir en vain et laissons les autres se donner tout le mal. A la paresse nous joignons même l'hypocrisie : nous coupons des branches et des feuilles dont nous remplissons nos howdahs, puis nous rejoignons le reste de la ligne à l'extrémité du bois en nous plaignant du mal épouvantable qu'on a à le traverser. Nos compagnons unissent leurs plaintes aux nôtres. Le plus amusant, en cette affaire, c'est que, chacun voulant être plus malin que le voisin, nous nous trompons tous mutuellement : car, j'ai su depuis qu'à l'aile gauche, M. et madame de Morès avaient agi exactement comme nous. Cette plaisanterie a du moins l'avantage que chacun étant dupé croit être le dupeur, comme cela arrive souvent dans la vie.

Du tigre, pas la moindre trace; je m'y attendais.

Le 29, l'animal nous est signalé sur la rive droite de la Kosi, dans ces hautes herbes où nous l'avons déjà vu.

Nous traversons un bois d'acacias, puis marchons en appuyant l'aile gauche contre une rivière, à travers des roseaux à demi desséchés, où les éléphants avancent lentement. Pourquoi ai-je confiance aujourd'hui ? Je ne puis guère le dire, mais les pressentiments de ce genre ne me trompent guère, je sens toujours d'avance la mort du tigre. D'ailleurs, nous n'avons pas fait de bruit de ce côté depuis plusieurs jours et le terrain se présente mieux que précédemment.

La ligne s'avance dans un ordre parfait, exécutant régulièrement les conversions à droite et à gauche, et se déplaçant « parallèlement à elle-même », comme on dit en tactique, lorsque les replis de la rivière la resserrent ou l'élargissent.

Morès commence à nous donner une certaine émotion en nous criant qu'il vient de voir sauter devant lui quelque chose de jaune, qui a bien l'air d'un tigre.

Quelques natifs perchés sur un arbre poussent aussi le cri de : *Bhag!* en étendant la main.

Rappelez-vous qu'il ne s'agit pas ici, d'un tigre quelconque, mais d'un vieux solitaire dont nous avons connaissance depuis douze jours, et qui nous a fait perdre tout ce temps, et vous comprendrez l'intérêt que nous prenons à la poursuite.

En arrivant à l'extrémité de la jungle, où un éléphant a été placé en sentinelle, nous exécutons une conversion à droite pour former le demi-cercle et clore la battue.

Pendant que ce mouvement s'achève, l'éléphant du colonel, un grand népaulais, s'arrête brusquement sans donner le moindre signe de terreur, et le colonel, après avoir tranquillement visé, tire deux coups successifs de haut en bas: « Bon, voilà le colonel qui se trompe, et tire quelque cerf », pensons-nous. Pas de cris, pas de mouvements dans la ligne : ce ne peut être un tigre.

« Qu'est-ce ? » demandai-je à mon cousin qui s'est rapproché pour avoir les renseignements. « C'est un petit tigre », me répond-il ; et la trompette de M. Williams nous invite à ne pas perdre de temps, mais à reformer la ligne et à repartir aussitôt sur les traces du « vieux » qui doit être quelque part devant nous.

Mais M. de Boissy et le docteur, restés auprès du colonel, persistent à dire que ce petit tigre n'est qu'un cerf. On le distingue mal dans les touffes de roseaux. M. Williams se décide à revenir pour voir, et, au premier aspect, il trouve que pour un si petit gibier la queue est bien longue. Il descend, et écarte les herbes; puis, se relevant, il se découvre solennellement, et, au milieu des hourras redoublés, annonce le décès du grand tigre. L'insaisissable animal a enfin succombé; il s'est laissé assassiner vulgairement, couché, repu sans doute, au milieu des herbes, et gît là maintenant dans la fange. Celui qui se riait des fusils et jouait avec les éléphants, le roi de la jungle, n'est plus qu'une masse souillée, inerte, hideuse. Et cette nuit les chacals feront entendre autour de lui leur lugubre concert, et les vautours puants s'arracheront les lambeaux de son cadavre.

Ainsi vont les choses de ce monde. La grandeur, la jeunesse, la force, la beauté, tout passe, — même chez les tigres! Qu'est-ce qui reste?

Les shikaris l'entourent curieusement. De

notre côté nous sommes tous enchantés : d'abord le « grand mâle » est tué ; c'est un vrai fardeau de moins, car il commençait à nous peser ; voilà près de deux semaines qu'il nous occupe et nous l'avons poursuivi vainement pendant quatre journées entières. Certains signes de découragement commençaient à se manifester parmi nous ; chacun rejetait la faute sur les autres : « Ah ! si on n'avait pas pétaradé !... si on n'avait pas fait de general shooting ! ou pas d'expédition complète ! » Tout est bien qui finit bien.

Ensuite, c'est le colonel qui l'a tué, et bien seul, sans contestation possible. Or, le colonel est très aimé. Il ne prend jamais part à aucune discussion de gibier, tire mal, ne réclame rien, se déclare toujours content : c'est un modèle pour tous ; aussi est-on satisfait de voir ainsi la vertu récompensée.

Pour en revenir au tigre, il est très gros : dix hommes arrivent à peine à le hisser sur un éléphant ; M. Williams et le docteur sont obligés de venir à la rescousse ; et comme force utile, un blanc vaut facilement deux Hindous.

Nous lunchons gaiement et rentrons en épanchant notre joie dans un vrai general shooting : mon plomb se permet même d'aller annoncer la bonne nouvelle aux buffalos qu'il cingle, légèrement.

Au camp nous trouvons le tigre qui nous a précédés, étendu et bien lavé ; la bête est superbe ainsi. Ce qui nous frappe surtout, c'est sa tête monstrueuse, qu'une tumeur à la joue rend plus énorme encore, et à laquelle un collier de barbe blanche donne un aspect vénérable. Cette tête emmanchée sur un cou massif, un vrai cou de taureau, avec une nuque qui la domine et des épaules ramassées, pourrait rivaliser de caractère avec celle de n'importe quel lion de l'Atlas. Encore le lion doit-il à sa crinière une bonne partie de sa majesté.

Il mesure neuf pieds dix pouces en longueur ; c'est peu pour son âge. Sa queue est fort courte, ce n'est pas un vrai « Bengal tiger », mais un « hill tiger » ou tigre de la montagne, de type plus ramassé et moins long que celui de la plaine. D'après les shikaris, il aurait vingt ans, ce qui est l'extrême vieillesse.

M. Williams affirme n'en avoir jamais vu d'aussi gros.

Nous procédons à l'autopsie et retrouvons une balle de 12 logée sous la peau; le peu de pénétration du projectile montre assez qu'il doit être attribué à quelque chasseur natif. Cette blessure est d'ailleurs fort ancienne. Voici qui est plus grave : le dos porte une plaie qui suppure encore, et ne peut remonter à plus de huit jours; en la suivant, nous trouvons la trace d'une balle express, longeant la colonne vertébrale et venant toucher le foie; pas de doute, c'est la balle que le docteur avait tirée le 18. L'angle de pénétration enlève au colonel tout droit sur ce coup. Une fois de plus nous avons la preuve qu'un tigre peut encore vivre quelque temps avec une balle bien placée. Celui-là, avait couru huit jours, traversé les rivières, tué deux buffalos avec le foie transpercé. Aujourd'hui, il avait trop mangé, c'est ce qui l'a perdu. Au lieu de se donner la peine de fuir, il a cru qu'il pourrait s'échapper en se rasant dans une touffe d'herbes, et sans le hasard qui l'a montré au colonel, sa confiance se trouvait justifiée, car aucun indice ne nous l'avait signalé.

La mort du gros tigre est un des événements les plus mémorables de notre expédition au Népaul. Après un pareil coup de fusil, aucun de nous ne pouvait avoir l'ambition d'en faire un plus beau ; cette chance était pourtant réservée au duc d'Orléans, qui devait abattre cinq tigres d'une seule balle. Mon assertion paraîtrait quelque peu gasconne si je ne l'accompagnais d'une explication.

Le 30 mars, nous partons pour les îles de la grande Kosi. Nous marchons en avant jusqu'à deux heures sans voir de tigre, et nous sommes condamnés à un vrai supplice de Tantale, car nous traversons une jungle point trop élevée où les cerfs pullulent littéralement ; partout devant nous l'herbe ondule, s'incline, s'écarte, et les coups de trompette répétés des éléphants annoncent à chaque instant le passage de quelque animal qui les frôle d'un peu trop près à leur gré. J'ai l'amusement de voir pendant une heure se promener devant moi tout une famille de sangliers qui, voyant qu'on l'épargne, s'arrête tous les dix pas.

16.

Enfin on se décide à revenir et à faire un peu de general shooting. Après deux heures de cet exercice, une idée nous vient qui nous amuse et que nous mettons aussitôt à exécution : nous ne voulons pas quitter ce paradis des chasseurs sans laisser de trace de notre passage. Quelques boîtes d'allumettes habilement jetées mettent le feu dans les herbes. Poussées par le vent d'est, les flammes volent ; les roseaux craquent et la jungle s'embrase. Un rideau de feu s'élève derrière nous et voile les premiers contreforts de l'Himalaya. Nos successeurs dans ce coin du Teraï auront moins de peine à chercher les tigres : nous avons fait œuvre de charité et nous fuyons tout joyeux devant ce bienfaisant incendie.

« Il ne faut jamais jurer de rien », m'avait répondu M. Williams, lorsque je lui avais dit qu'il était inutile d'aller si loin parce qu'on ne verrait pas remuer la queue d'un tigre, ce jour-là. Il avait raison. A quatre heures et demie environ, nous avons déjà manqué une bonne quantité de cerfs et de sangliers ; nous sommes dans une herbe d'un mètre cinquante d'élévation, où nous nous amusons plutôt

que nous ne chassons ; nous conservons la ligne pour la forme, mais sans arrière-pensée sérieuse. Mon cousin, à gauche, entre dans un petit îlot de hautes herbes où vient de se poser une perdrix noire ; il n'a pas fait deux pas que l'herbe s'agite et son éléphant grogne : un tigre bondit et part au galop, prenant sur la droite, de manière à nous éviter ; il n'en a pas le temps : d'une balle de paradox mon cousin le « boule » comme un lapin. C'est un des plus beaux coups de fusil qu'on puisse voir. L'animal se relève, fait quelques pas pour entendre siffler d'autres balles à ses oreilles, enfin s'arrête, et cette fois pour toujours.

M. Williams triomphe, moi aussi parce que je prétends que c'est le general shooting qui a fait lever le tigre. « Ce n'est pas un tigre, me répond-on alors, c'est une tigresse. » Non, ce n'est pas une tigresse, c'est une famille de tigres : elle est enceinte...

De combien de petits ? Voilà la question qui se pose tout de suite ; les paris vont leur train d'une howdah à l'autre : pair ou impair ? Le retour est très gai.

Nous rentrons à la nuit noire, sans nous

tromper de route. Vraiment, c'est à se demander qui a le plus d'intelligence, du mahout ou de l'éléphant : le jour, c'est le premier qui conduit le second, la nuit c'est l'inverse : le guide se contente de causer avec la
monture pour l'encourager : *Biri !* (marche !)
Deka ! (vois !) etc... C'est stupéfiant qu'on
puisse sortir de là sans accident, avec tant de
marais et de trous.

Je crois que le mahout exerce une espèce
d'influence magnétique sur l'éléphant et réciproquement, c'est-à-dire que leurs cerveaux
sont en communication directe. Autrement
comment le cornac pourrait-il arrêter son éléphant, le presser, le faire tourner à droite ou
à gauche, sans lui adresser la parole? Sans
doute il agit par des pressions de jambe;
mais encore faut-il que dans ses mouvements
l'animal devine telle ou telle volonté.

Nous arrivons sains et saufs à la rivière
et la passons fort bien. Je n'étais pas tout à
fait rassuré en y entrant : le gué n'est pas
large, et les éléphants, bons nageurs quand
ils sont libres, chavirent facilement quand ils
ont l'howdah sur le dos.

L'aspect de notre campement est bizarre : on ne voit pas les tentes, mais un assemblage de lanternes à différentes hauteurs qui se reflètent dans l'eau. Tout semble plongé dans un parfait silence et pourtant on ne peut pas dire comme dans Venise la Rouge, « pas un falot qui bouge », car, à mesure que nous nous rapprochons, nous voyons le camp sortir de sa torpeur ; quelques coups de fusil tirés en l'air contribuent à le mettre en mouvement ; les lanternes semblent se décrocher d'elles-mêmes et courir.

Notre première occupation est d'assister à l'ouverture de la tigresse. On soulève les boyaux fumants qui glissent les uns sur les autres comme un amas de serpents. Voici l'utérus, avec quatre poches qui communiquent : il y a quatre petits. Pair. J'ai perdu.

On ouvre les poches avec précaution, on coupe les placentas, et on sort des amours de petits tigres, un peu mouillés, il est vrai, mais bien drôles avec leur peau mieux rayée que celle de leur mère, leur grosse tête sans yeux cachée entre les deux pattes de devant, et la queue repliée sous le ventre. Ils sont presque aussi gros que des chats, et ils ont déjà un semblant de moustache. Ils ne devaient voir le jour que dans un mois. Peut-être vaut-il mieux pour eux en rester là : ils ne seront pas chassés par des barbares comme nous.

Ce ne sont pas, on le voit, les tigres qui manquent au rapport. Mais si cette chasse est plus aisée et beaucoup moins dangereuse que la poursuite à pied, telle que nous la pratiquions aux Sundarbands, elle est aussi moins amusante. Le plaisir est toujours en raison directe de la peine personnelle que l'on prend ; ici la peine est souvent grande, mais l'initiative est presque nulle ; elle se borne à quelques avis à donner sur les projets du lendemain ; pour le succès même et pour la régularité de la battue, nous sommes obligés de nous soumettre aveuglément aux avis d'un seul chef, qui est M. Williams ; autrement, il serait impossible de s'entendre. Nous marchons donc comme des soldats et nous contentons de transmettre les mouvements à nos mahouts lorsqu'ils ne les ont pas compris.

Nous pouvons nous plaindre aussi du peu

de variété que présente ici le gros gibier : en Assam, le tigre alterne avec le rhinocéros, et l'ours avec le buffle. Il est vrai que là-bas aussi, pour chasser avec succès le tigre, il faut renoncer aux autres proies, et qu'en somme nous aurions trouvé moins de coups de fusil sérieux à tirer qu'ici.

Il existe bien des rhinocéros dans certaines parties du Népaul, mais les shikaris refusent de les indiquer ; ces animaux sont sacrés et, pour les chasser, il faut une permission spéciale du gouvernement. N'ayant pas de scrupules, nous nous adressons à celui-ci, qui fait mille difficultés ; ce n'est que le 28 mars que nous obtenons la permission. Hélas ! nous n'en profiterons même pas. Il n'y a que deux ou trois mahouts qui consentent à mener leurs éléphants aux rhinocéros ; cette chasse n'admet qu'un très petit nombre de fusils, car on ne peut attaquer la bête qu'au moment où elle sort du bois vers trois heures du matin. Une ligne étendue rendrait l'approche impossible. D'autre part, si la partie était organisée, tout le monde voudrait y aller ; il est donc préférable que personne n'y aille. Enfin les rhinocéros sont au moins à trente milles de notre camp : nous risquerions de faire ce voyage sans en rencontrer un seul. Pour toutes ces raisons nous y renonçons.

Un peu de repos ne sera pas de trop. Nos chasses sont très fatigantes : nous restons en moyenne six à huit heures dehors, par un soleil ardent, et ne nous arrêtons que pour le lunch ; encore faut-il, avant de nous occuper de nous-mêmes, que nous trouvions de l'eau pour que les éléphants boivent et se baignent ; parfois une ancienne rivière sur laquelle nous comptions s'est déplacée et nous devons marcher cinq ou six heures à sa recherche.

Il nous arrive de cheminer une journée entière après un tigre sans le voir, et sans pouvoir tirer aucun autre gibier, de peur d'éloigner celui-là : c'est un genre d'expéditions que nous n'aimons guère. Le mouvement de l'éléphant est en outre assez pénible : assis, on est à chaque pas rejeté d'arrière en avant, et debout, on est forcé de se cramponner sans relâche. Les premiers jours j'ai le dos vraiment brisé, et suis réduit à demeurer au camp.

A mesure que la saison avance, le climat devient plus malsain. Charles a dû déjà nous quitter et est parti pour Darjeeling, dans l'Himalaya, en passant par Calcutta afin de se reposer; il avait des attaques de fièvre, et un plus long séjour dans le Teraï lui serait devenu dangereux. Nous-mêmes sentons les premières attaques du mal et nous ne nous en préservons qu'en avalant tous les matins, en guise de préservatif, des pilules de quinine que leur aspect fait surnommer « œufs de crapaud ».

La saison des pluies approche. Nous avons déjà subi un orage terrible; par moments, le vent d'est s'élève et nous cause un véritable supplice, surtout sur la rive droite de la Kosi, lorsqu'en balayant les lits desséchés de la rivière, il soulève des nuages de sable : nous sommes alors à demi aveuglés, et n'avons d'autre ressource que de nous tapir dans le fond de notre howdah, enveloppés de nos plaids jusqu'aux oreilles.

Quelques bons moments pourtant çà et là : lorsque nous venons d'abattre un tigre, ou lorsque nous n'avons aucune chance d'en ren-

contrer, M. Williams fait entendre le cri de
« general shooting » qui est universellement
bien accueilli. Alors on tire tout et on s'en
donne à cœur joie : cerfs, sangliers, paons,
coqs, perdreaux, bécassines, gibier de toute
espèce, poil, plume, et même écailles, rien
n'est épargné, du moins par nos tentatives,
car nous ne tuons pas tout : c'est une vraie
fusillade. Une fois au camp, on se raconte
ce qu'on a fait : s'il fallait en croire les
récits, ce serait par centaines que se chiffre-
raient les morts de marque, cerfs, sangliers ou
paons, sans compter le menu fretin; chacun
a parfaitement vu son animal rouler sous son
coup de fusil; il s'est relevé pour aller mourir
à quelques pas de là; on n'a pas eu le temps
de le ramasser. Il faut en rabattre, car tout le
monde sait ce que valent les histoires de chasse;
et puis, après huit heures à dos d'éléphant,
on se sent quelque peu gascon; l'imagination
veut se mettre à la hauteur du piédestal. Du
reste, à ne prendre que le nombre des pièces
réellement rapportées, il me semble que personne n'a rien à reprocher à une journée
marquée par le tableau suivant :

Tigres, deux; cerfs, vingt-huit; sangliers, trois; paons, quatre; coqs, six; divers (singes, bécassines, perdreaux, oiseaux variés), une trentaine.

De temps à autre, lorsque nous n'avons rien au rapport, ou que les éléphants sont fatigués, on décrète un jour de repos; ce sont là les heures les plus amusantes. Philippe, Léon et moi, nous profitons de la liberté qui nous est laissée, pour organiser de petites expéditions entre nous. Chacun va à sa guise; pas de manœuvres, pas de ligne, pas d'appel : on marche à l'aventure dans un pays nouveau. Ce sont à chaque pas de vraies découvertes. Chacun de nous prend place sur un padd. Si ce siège est un peu gênant pour le tir, à cause du mahout, en revanche, on y est incomparablement mieux à son aise que sur l'howdah : on peut se tourner, se coucher, et prendre toutes les positions. En outre, comme on est en contact presque direct avec l'éléphant, les secousses ne sont pas augmentées par la longueur du levier. Nous avons un éléphant porte-carnier et un porte-lunch; nous emmenons un Hindou pour faire la cuisine et deux hommes pour ramasser le gibier : c'est encore de la grande chasse.

Sous prétexte d'histoire naturelle, nous tirons tout, et nous allons au hasard à travers forêts et jungles, prenant seulement le soin de nous orienter sur le soleil pour garder la direction du camp. Quels délicieux lunchs nous faisons ainsi, couchés tous trois sur l'herbe au bord d'un ruisseau, sans hâte ni soucis, oubliant les tigres et les hommes.

Quand nous étions jeunes, mon cousin et moi, nous nous promettions d'aller ensemble bien loin, tuer des bêtes fauves. Le rêve est réalisé : nous voici tous les deux au pied de l'Hilmalaya, avec treize tigres derrière nous... C'est bien le cas de dire : Qui l'eût cru ?

Ce n'est pas sans peine que nous nous arrachons à nos réflexions et que nous reprenons le chemin du camp : nous marchons si bien à notre guise que nous nous perdons l'un l'autre. Ce n'est qu'après trois quarts d'heure passés à nous déchirer le gosier et à décharger nos fusils en l'air, et surtout après une série d'inductions qui auraient fait rêver

Bacon, que nous parvenons à nous réunir.

Quelquefois nous nous perdons tous deux ensemble, et ne retrouvons les tentes qu'en nous guidant sur le soleil. Comme il faut peu de chose pour être heureux! Ces jours de promenade au cours d'une expédition de six semaines comptent parmi les meilleurs de notre vie, et pourtant que nous ont-ils valu? un peu de distraction et quelques cadavres d'oiseaux!

Ces courses libres nous rappellent les chasses de France : nous rentrons à la nuit noire en chantant tous ensemble à tue-tête; d'autres fois Léon chante seul et nous prenons le refrain en chœur. Il ne faudrait pas être Français pour ne pas goûter le plaisir qu'il y a à se réunir ainsi, trois gais compagnons, dans une forêt de l'Inde pour fredonner des gaudrioles, au lieu de s'attarder, dans de moroses dissertations, à refaire la société, à partager le monde ou à discuter l'utilité morale de la religion pour le gouvernement des peuples. Toutes les chansons, tous les airs, toutes les bluettes y passent à tour de rôle : assurément les forêts du Teraï n'ont jamais entendu pareil concert!

Nous n'employons pas toujours nos journées de congé (c'est ainsi que nous nommons celles où nous n'allons pas en expédition générale) à chasser dans la forêt. Nous nous amusons aussi à suivre les berges de la rivière et à en poursuivre indistinctement tous les hôtes, à quelque classe qu'ils appartiennent. Il nous arrive alors des aventures qu'on pourrait qualifier de fantastiques; mais n'est-ce pas à force d'être vrai qu'on devient invraisemblable? Je n'en veux pour preuve que le récit de la journée du 1er avril.

Le duc d'Orléans est parti en bateau avec M. Williams et Léon pour tuer des crocodiles — ou pour les manquer, si vous préférez. Sachez, en effet, qu'un crocodile atteint ailleurs qu'au cou roule toujours à l'eau; comme un crocodile manqué fait de même, nous avons l'habitude de compter de confiance comme tués tous ceux que nous tirons; il ne s'agit que de s'entendre.

Au bout de quelques heures mon cousin revient ayant « tué » plusieurs crocodiles, mais sans rapporter autre chose qu'un poisson qu'il tient à la main. Ce poisson est sûrement l'incarnation de quelque Génie appartenant au monde des Mille et une Nuits, car voici la narration authentique que me font successivement les deux témoins de l'aventure. La conformité dans les moindres détails de leur dire jointe aux preuves matérielles qu'ils produisent m'enlève toute espèce de doute sur la véracité de cette histoire.

Les trois chasseurs se laissaient aller doucement au courant de la Kosi; un homme, une perche à la main, debout à l'arrière, maintenait l'embarcation à deux mètres du bord; la chaleur était accablante, et l'on ne voyait aucune trace de gibier.

Mon cousin imagine de demander des consolations à sa pipe; il pose son fusil et se met en devoir de battre le briquet.

Tout à coup, un poisson s'élançant du sein de l'onde, vient frôler son visage, briser sa pipe, et l'inondant de ses écailles, s'abat au fond du bateau.

Tout ceci se passe en moins d'une seconde. Léon se tourne vers la victime de cet étrange attentat et voit mon cousin blanc comme un linge... D'où venait ce poisson prodige? A quel mystérieux dessein pouvait-il bien obéir? Ou, s'il faut croire naturelle cette intrusion imprévue, à quelle famille zoologique doit-on rattacher ce gymnasiarque des eaux? Toutes questions auxquelles nos amis ne répondent pas. Oserai-je le faire pour eux? Je ne vois que deux explications plausibles : ou la carpe (car c'en est une), se trouvant serrée entre la berge et le bateau, aura sauté comme le font souvent les saumons acculés au filet ; ou bien, voyant briller l'allumette, elle l'aura prise pour quelque insecte brillant qu'elle aura voulu happer. Je raisonne dans le cas où le fait est admis, et je suis bien forcé d'y croire puisque j'ai vu les deux morceaux de la pipe. Évidemment c'était un poisson d'avril, mais d'une espèce rare — un *vrai*, — comme on n'en rencontre qu'au Népaul, La Fontaine dirait au Monomotapa.

C'est égal, voilà la seconde aventure à laquelle les pipes donnent lieu : rappelez-vous l'explosion de M. de Boissy.

L'émotion du duc n'a, d'ailleurs, été que passagère, et le souvenir en est déjà loin lorsqu'il repart, dans l'après-midi, en bateau avec Léon et moi.

Mais alors, nous commettons une autre imprudence. Nous descendons le courant sans songer au temps qu'il faudra pour le remonter, nous arrêtant à regarder les petites tortues à carapace grise qui se sèchent, le long de la berge, au soleil; elles sont très ..rouches et, dès qu'elles nous aperçoivent, elles se laissent tomber à l'eau comme des pierres.

Vers cinq heures et demie, nous jugeons à propos de revenir. Le courant est très fort; il faut haler le bateau, et tout le long de la rive s'étendent des bandes de sable. L'opération devient pénible; de plus, les Hindous joignent à leur faiblesse physique une stupidité remarquable: ils poussent le bateau en même temps à l'avant et à l'arrière. Or, chacun sait que deux forces égales dirigées en sens contraire sur un même point se neutralisent, en sorte qu'au bout d'une heure, nous n'avons pas fait deux cents mètres. Nous sommes réduits à nous servir de nos jambes.

C'est un exercice qui n'a rien d'agréable, lorsque la nuit est noire et que le terrain est

criblé de trous que cachent le plus souvent
des buissons d'épines.

Pourtant à quelque chose malheur est bon,
car nous sommes récompensés de notre peine
de la façon la plus inattendue.

Il est écrit que nous ne devons pas, de
tout ce jour, quitter le royaume des Mille
et une Nuits. En entrant dans un bois
sombre, nous sommes environnés par des
milliers de petites lueurs éclatantes comme
le diamant : on dirait encore des légions de
petits génies prenant plaisir à nous tourmenter.
Tantôt ils s'élèvent en colonne lumineuse vers
le ciel, tantôt ils tombent en gerbe devant
nous pour disparaître aussitôt; d'autres s'enfoncent dans le feuillage et se remplacent
continuellement; certains ne veulent pas nous
abandonner et s'amusent à voleter autour de
nous comme pour nous montrer la route.
C'est vraiment féerique. Nous avons de la
peine à nous habituer à un pareil éclat et
nous sommes par moments obligés de fermer
les yeux.

Par malheur, il faut poursuivre la marche;
la lampe merveilleuse s'éloigne, et est rem-

placée par les lanternes du camp; la, nous avons l'explication du phénomène, ou du moins celle que veulent bien nous donner les gens pratiques qui ont des solutions positives pour tous les problèmes. Nous avons traversé un bois peuplé de « mouches phosphorescentes ».

Fi, le vilain mot! J'aime mieux rester dans la région surnaturelle et continuer à croire que ce sont de petits farfadets taquins qui ont pris plaisir à nous harceler!

V

Si nous nous fatiguons parfois des longueurs
que comporte la poursuite du tigre, nous
pouvons nous reposer en chassant d'autres
gibiers et, on le voit, ils ne manquent pas
ici. Chaque jour amène de nouvelles sur-
prises, et nous avons le plaisir d'être en même
temps témoins et acteurs dans les aventures
les plus surprenantes. La chasse n'est plus
seule à nous séduire; nous nous prenons de

passion pour la vie que nous menons, sans souci du lendemain, en plein air, et pour ainsi dire hors de la société, au milieu d'un pays indépendant et ingénu, où la liberté presque sauvage sait cependant s'allier à tout le confort que donne la civilisation.

Le duc d'Orléans et moi occupons la même tente, de compagnie avec le fidèle Tom. Ce sont de grandes toiles à douze cordes, doubles à l'intérieur, c'est-à-dire entourées d'un couloir circulaire, qui nous défend assez bien contre l'humidité. Notre ameublement se compose de deux lits, d'une table, et d'un *tub* où nous sommes heureux de nous précipiter dès que nous rentrons. Nous le remplaçons même, lorsque la saison avance et que la chaleur devient insupportable, par la rivière. J'inaugure les « bains de la Kosi » au grand ébahissement des natifs qui n'ont probablement jamais vu des blancs se livrer à cet exercice. En dépit des craintes du gros capitaine népaulais, je n'y fais jamais de mauvaise rencontre : pas le moindre alligator ; il est vrai que j'ai soin de toujours choisir les endroits peu profonds.

Nous nous levons de bonne heure, bien qu'avec peine, pour prendre un léger repas et faire nos préparatifs. La mise en marche demande un certain temps. Nous avons toujours des arrangements à terminer : howdah à sangler, cartouches à chercher, gourdes à remplir, etc.

Nous rentrons généralement vers trois ou quatre heures. Chacun, aidé de son domestique particulier, commence par vider son howdah; on se montre le butin : singes, oiseaux de toutes espèces, et on va le déposer aux pieds de l'empailleur.

Cela ne lui convient guère, car c'est un curieux personnage que ce taxidermiste exotique; figurez-vous un Hindou, grand, mince, les épaules en fuseau et la taille serrée. Il porte une calotte élevée et brodée, comme les bonnets persans. Nous le tenons pour un être absolument vicieux : le moindre de ses défauts est un amour immodéré pour l'opium; il passe une partie du temps à fumer, et le reste à courir dans toutes les directions, la tête en arrière, les yeux hagards, cherchant à se disputer ou se plaignant de tout et à tous.

Aussi, pour son hygiène, lui donnons-nous beaucoup de travail : il demande en revanche du whisky comme soutien. Nous en sommes arrivés à le mettre en demeure de faire son ouvrage ou de filer. Il préfère s'arrêter au premier de ces deux partis, ne sachant que devenir dans la jungle, si nous le chassons.

Après avoir remplacé nos énormes et incommodes casques d'aloès par de simples toques et après avoir revêtu des habits plus légers, nous nous étendons dans de larges fauteuils formés de quatre bambous et d'une toile; nous formons un cercle autour d'une table placée en plein air au milieu du camp et chargée de bouteilles de soda et de whisky; le mélange de ces deux liquides est très employé aux Indes et y reçoit le nom de « peg ». Nous restons ainsi à fumer et causer jusqu'à l'heure du dîner. La conversation arrive inévitablement sur le terrain politique, et nous nous épuisons en de longues discussions qui n'ont pour résultat que de maintenir chacun dans son avis.

Deux fois par semaine nous recevons la poste; ce sont des jours marqués à l'avance et attendus avec impatience, car c'est avec un certain plaisir qu'assis dans un camp en plein Népaul, nous faisons traverser deux océans à notre esprit, et nous nous trouvons transportés dans quelque partie de notre cher pays, surtout dans notre beau Paris. Qui n'a pas vécu pendant des mois au loin, ne peut se rendre compte de l'anxiété avec laquelle on attend alors des nouvelles, et du soin avec lequel on relève dans une lettre le plus petit détail pour l'interpréter. A notre tour nous racontons nos aventures à ceux qui sont restés là-bas, et nos enthousiasmes se réveillent encore à l'occasion de ces récits.

Lorsque nous ne nous sentons pas fatigués et que nous sommes rentrés de bonne heure, nous reposons nos jambes du mouvement de machine à coudre imposé par l'éléphant, en montant à cheval. Nous partons, le duc d'Orléans, M. de Morès et moi, sur de petits poneys entiers très vifs, et, la carabine au dos, le revolver au poing, nous parcourons le pays au galop, tombant souvent, ne voyant pas même à nos pieds, car nos montures disparaissent à demi ensevelies dans les herbes.

Un chacal s'enfuit dans des broussailles :
« Tayaut! tayaut! » Nous le poursuivons, tirant de tous côtés sans beaucoup de résultat.
Mieux que cela : nous ne nous contentons
pas de poursuivre les animaux que nous faisons lever; nous avons une meute et des re-
nards de boîte. Nous avons, en effet, découvert
par ici un terrier de renard, nous nous y rendons avec des hommes armés de pioches, et, en
une heure, arrivons à prendre un renardeau;
il est de petite espèce; la tête fine et moins
large que chez le nôtre, se termine par un
museau pointu, armé de dents aiguës; c'est
le *Vulpes bengalensis*. Nous le lâchons dans
la plaine et courons derrière à cheval. Notre
meute se compose du seul Tom. Nous forçons
facilement la bête, mais il faut avouer qu'elle
était déjà un peu maltraitée.

Parfois aussi je sors, sans prévenir personne, pour goûter la « solitude où je trouve
une douceur secrète ».

En un temps de galop je suis hors de la
vue du camp. Je mets la bride sur le cou de
mon poney et le laisse alors aller à son gré.
Quoi de plus voluptueux que la rêverie dans

un pareil désert, et quel plaisir plus exquis que de regarder venir lentement la nuit! Le vent qui entrechoque les bambous et fait craquer la cime des arbres, ne tarde pas à tomber. Aux derniers beuglements plaintifs des buffalos succède le tam-tam au son duquel les travailleurs rentrés des champs dansent dans les villages lointains. Je laisse ma pensée errer à l'aventure, du passé qui m'est cher, à l'avenir étoilé d'illusions; je m'enivre de la fraîcheur du soir et rentre enfin, à regret, en m'attardant à regarder si je ne vois pas bondir hors des fourrés quelque tigre rôdeur.

Certains jours de repos complet, nous nous exerçons au tir. Mais la chasse, comme nous la pratiquons, est le meilleur des exercices; songez que nous tirons à balle des animaux courants, que nous distinguons à peine un instant dans les hautes herbes. Nous-mêmes, pendant que nous tirons, sommes secoués, ballottés de droite et de gauche, et devons jeter notre coup sans prendre le temps de viser, à balle comme à plomb. Aussi devenons-nous assez habiles. Dans le camp, nous arrivons à tirer à balle des oiseaux de proie au vol. Les vautours se réunissent autour des carcasses de cerfs ou de tigres, ils ne bougent pas à notre approche et nous les abattons au revolver à une quinzaine de pas. Cette chasse est d'ailleurs un simple sport, — car nous n'avons rien à faire de ces immondes charognards tout puants de curée.

Je suis resté plusieurs journées au camp, retenu d'abord par un commencement de fièvre, puis par un coup de pied de cheval. Le spectacle qu'offrait la vie de nos serviteurs m'amusait extrêmement, et, tout souffrant que je fusse, je trouvais dans l'observation de leurs mœurs une distraction continuelle.

Nulle part comme ici, je ne peux mieux juger de la distinction des castes; chacune a sa cuisine à part et se croirait déshonorée si un membre de l'autre touchait à un de ses plats. Je me rappelle avoir été sur le point de mécontenter fortement quelques-uns de nos conducteurs de chariots. En disposant un groupe pour la photographie, je fais le geste de repousser une feuille de bananier sur laquelle ils mangent leur riz. Ali, le fidèle Ali, m'avertit à temps de la profanation que je vais commettre; après la souillure produite par mes mains, ils n'auraient pas goûté à leur repas.

La plupart de nos Hindous n'osent pas toucher aux animaux morts; ils refusent de les ouvrir, et la caste des dépouilleurs est très méprisée; nous avons dû amener trois hommes spéciaux à cet effet.

Beaucoup, d'ailleurs, appartiennent aux religions les plus grossières; ils pratiquent l'idolâtrie, presque le fétichisme. Leur culte est des plus simples : ils ne se bâtissent pas d'église à grands frais, ne transportent pas d'autels; un peu de terre pour élever une taupinière, une rigole autour, et, par-dessus, quelques fleurs rouges de *cotton-tree*, voilà ce qui constitue une divinité aussi facile à adorer qu'à créer.

Nous sommes honorés de la visite de danseurs ou plutôt de danseuses de profession venues du village.

Ce sont deux horribles vieilles mégères, dont le squelette desséché apparaît çà et là sous des haillons rouges et verts, et une petite fille de douze à treize ans. Un musicien les suit avec une sorte de tam-tam qu'il frappe de coups monotones sur un rythme à trois mesures. Les femmes l'accompagnent de ce chant nasillard que j'ai retrouvé partout, depuis Alexandrie jusqu'à Calcutta, et qui semble un symbole de la résignation orientale à la fatalité. Elles se livrent à des contorsions suivies d'exercices sur la corde.

C'est pour moi une partie de plaisir d'aller, vers la fin du jour, voir les éléphants prendre leur bain dans la rivière. J'adore ces grosses bêtes qui nous rendent tant de services; j'admire la bonne volonté avec laquelle ils obéissent à leurs mahouts. Ils remplissent leurs trompes d'eau et s'aspergent le côté qui leur est désigné; leur serviteur prend une brosse et les frotte. Ils se laissent faire avec une volupté évidente. Ils se couchent même de côté dans l'eau, gardant les jambes en l'air et faisant marcher du même va-et-vient continuel leurs grandes oreilles; à un autre commandement ils se retournent. Une fois lavés, pansés, bichonnés et rendus luisants par l'eau, ils sortent gravement de la rivière, portant leur mahout, et viennent se ranger en demi-cercle sur la berge. On leur donne leur repas régulier qu'ils attendent impassibles, mais qu'ils réclameraient hautement si on le leur supprimait; il se compose de boules de riz, de foin, de feuilles de bananier que des serviteurs apportent sur de grands plateaux en osier. A une injonction du mahout, ils lèvent tous la trompe et ouvrent la bouche en chœur. Le second serviteur prend alors la portion et la pose en plusieurs fois délicatement entre leurs lèvres ; elle n'est pas longue à disparaître. Cette opération terminée, ils se disséminent et vont fourrager aux environs en gardant les pieds entravés par une chaîne.

Après avoir assisté au repas des animaux, nous prenons le nôtre et devisons des événements de la journée. La veillée se termine ordinairement par une courte partie de piquet, et nous nous couchons de bonne heure.

Nous nous endormons aux accords d'un concert infernal, je veux parler des lugubres glapissements des chacals, qui, de tous côtés, se répondent ; c'est par une musique de ce genre que les démons réunis devaient présider à la nuit de Valpurgis.

Ainsi que je l'ai dit, nous ne changeons de camp que lorsque nous n'avons plus de khobber aux environs ; nous n'avons décampé que trois fois en remontant la Kosi. Lorsque nous avons décidé de nous déplacer, nous partons le matin de bonne heure, à éléphant comme de coutume, et entrons le soir dans notre nouvelle installation. Grâce aux soins de M. Pritchards, les tentes et les bagages ont été chargés sur des chariots et transportés, pendant la journée, à quatre ou cinq milles du premier emplacement. Ils ont suivi la route de Katmandou, la seule qui se trouve dans le pays, et encore est-elle plutôt marquée sur les cartes que sur le sol, car souvent c'est à peine si elle se distingue du reste de la jungle par une herbe plus basse. La disposition du camp est toujours la même : une allée centrale avec les tentes des deux côtés ; au bout, la tente de repos ; et, derrière elle, celle de Pritchards avec les provisions. Le reste, — petites tentes, huttes, chariots, etc., — est disposé tout alentour.

Je ne vous dirai pas les noms indigènes de nos camps, qui offriraient peu d'intérêt et ne

sont pas marqués sur les meilleures cartes;
nous préférons d'ailleurs les désigner, non
d'après les villages auprès desquels ils sont
établis, mais d'après les incidents qui se rat-
tachent à leur emplacement : c'est ainsi que
nous avons le camp des Chiens, le camp des
Crocodiles, etc.

Nous sommes souvent arrêtés dans notre
marche en avant par les difficultés que nous
suscite la mauvaise volonté des Népaulais.
D'ordinaire les expéditions de chasse ne durent
guère plus de deux semaines dans ce pays, et
notre long séjour leur semble tout à fait
extraordinaire. Ces battues perpétuelles les
fatiguent et les ennuient. Au bout de quinze
jours, ils commencent à nous annoncer leur
départ comme imminent; nous les prions de
nous montrer un ordre de leurs chefs les
autorisant à nous quitter au bout de ce
temps. Mais ils retournent la question et nous
demandent de produire l'ordre qui les oblige
à rester davantage. Nous nous voyons forcés
d'écrire à lord Dufferin, en les avisant que
s'ils n'attendent pas une réponse, ils auront
le cou coupé à Katmandou. L'injonction for-

melle leur vient enfin du conseil des ministres népaulais de rester à notre disposition autant que nous le voudrons, et ils s'y soumettent, mais non sans peine.

Le 17 mars, Pritchards nous annonce qu'il est impossible d'aller plus haut. Il a reconnu le pays, la route est barrée par des inondations. Il n'a pu envoyer des agents en reconnaissance avant notre arrivée au Népaul, puisqu'ils auraient été arrêtés. Nous nous transportons nous-mêmes sur les lieux et nous nous trouvons en présence d'un grand marais d'où émergent quelques piquets, seuls restes d'un village abandonné. Nous nous formons en grand conseil et délibérons; il ne faut pas songer à camper de l'autre côté de la rivière; le courant est trop fort, et quand même les éléphants passeraient, on ne pourrait pas transporter les bagages, encore moins s'établir dans la forêt à cause des feux.

Les uns sont d'avis de retourner à Calcutta, les autres d'essayer de continuer avec cinq ou six éléphants et deux petites tentes. Nous décidons enfin à la majorité de revenir sur nos pas en battant de nouveau le pays que nous venons de traverser. Nous ne pouvons d'ailleurs nous plaindre de ces inondations, puisqu'elles ont concentré les tigres en même temps que les troupeaux, et que sans elles nous n'aurions jamais atteint les résultats dont nous sommes si fiers.

Enfin, le 9 avril, après avoir fouillé sans succès une jungle assez fourrée, nous atteignons la frontière du Népaul. Les shikaris natifs vont nous quitter : malgré la paresse et la maussaderie de leur gros capitaine, ils nous ont rendu de grands services, et ce n'est pas sans une certaine émotion que nous nous en séparons.

Nos éléphants à howdah se placent sous un gros figuier des banians. M. Williams est un peu en avant ; les officiers des éléphants sont à pied en face ; ils sont en uniforme. Djaï, leur grand maître, tout en velours noir, porte un pantalon collant, une veste courte ; autour de sa taille une ceinture également noire retient un cokéry. Il a une sorte de petit turban de couleur sombre sur lequel est fixé l'insigne de son commandement, une plaque d'or triangulaire, le sommet en l'air, avec une tête d'éléphant gravée dessus. Les trois ou quatre autres qui sont à pied avec lui ont aussi des plaques d'or.

Ils rangent tous les petits éléphants de battue en cercle devant nous, parfaitement serrés les uns contre les autres, sans qu'une tête dépasse ; c'est une vraie figure de carrousel.

Puis chacun à son tour s'approche de M. Williams, qui lui donne cinq roupies ; le Népaulais les met dans sa ceinture, porte ses mains à son front, s'éloigne et va rejoindre ses camarades sous un autre arbre à une certaine distance de là. Ils marquent ainsi qu'ils n'ont plus rien de commun avec nous.

Tout ceci se passe dans le plus profond silence, et avec une parfaite simplicité.

On paye de la même manière les hommes à pied à qui leur qualité d'officier ne fait pas refuser les présents.

C'est fini, nous voilà seuls... Ce qui me fait le plus de peine, c'est de ne plus voir ces petits éléphants, farceurs comme une bande de gamins, de ne plus entendre leurs trompettes et de ne plus les voir chercher à éluder les passages difficiles.

Quant aux Népaulais, je dois dire qu'on se lasse vite de ces figures jaunes, aux yeux tirés et au nez épaté; quelques-uns pourtant, avec leurs longs cheveux flottants sur leurs épaules et leur air farouche, lorsqu'ils se tenaient debout sur leurs éléphants, avaient un certain caractère.

Après ces adieux nous nous retrouvons sur le territoire anglais, 'ans une plaine poussiéreuse, à demi cultivée, sans jungle, semée de quelques bouquets de bambous ou d'arbres espacés. Plus de gibier sauvage, plus de chasse libre; on suit tranquillement la grande route: la civilisation nous a repris.

Mon cousin et moi, nous nous amusons seuls à tirer quelques geais bleus, à cause de leur plumage. Mais où est la gaieté des expéditions aventureuses. On parle peu, on ne chante plus; c'est bien fini!

Je trouve la même impression au camp: plus d'allées et venues, plus de bruit, plus de joyeuse pétarade sur les oiseaux de proie. Nos tentes ont l'air bien chétif et bien pauvre, isolées au milieu de la plaine découverte. La rivière, où les éléphants ne descendent plus folâtrer, est réduite ici à un petit ruisseau coulant sur le sable. Et nous avons de la peine à y trouver assez d'eau pour notre propre bain.

Le lendemain nos équipages se déroulent en une longue file sur la route nue ; on croirait voir une caravane d'émigrants. Mon cousin, qui espère toujours tirer un peu, part avec le docteur et Léon à padd d'éléphant. Williams et M. de Boissy montent en dog-cart ; madame de Morès se fait porter en palanquin. Enfin le colonel, Morès et moi, nous allons tout bonnement à cheval.

La route entre l'ancien et le nouveau camp est couverte de chariots qu'entourent des nuages de poussière ; ce sont les tentes, les lits, la cuisine.

Puis viennent les hommes à pied, chacun portant un objet différent, l'un un marteau, l'autre une hache, un autre une perruche sur un morceau de bois. L'empailleur marche auprès du chariot qui contient sa malle, racontant des histoires à Ilaï, le domestique du colonel, aussi farceur, aussi paresseux, aussi buveur que lui.

18.

Enfin arrive Pritchards au galop sur un des poneys blancs.

Le 11, nous passons la dernière soirée ensemble dans le bungalaw où nous avons lunché en quittant Purneah. Nous portons un toast bien mérité à M. Williams, le remerciant de la peine qu'il s'est donnée, des soins dont il nous a entourés, du succès que, grâce à lui, nous avons obtenu.

Il nous répond avec une simplicité cordiale dont nous lui savons tous gré. Le colonel m'adresse une pièce de vers; je tâche d'y répondre de mon mieux en invoquant toutes les muses népaulaises pour chanter sa gloire. C'est au milieu de ce feu d'artifice de compliments, toasts, speechs, chants, que nous terminons notre expédition.

Nous arriverons le lendemain à Purneah où nous prendrons immédiatement le chemin de fer pour Calcutta.

En somme, nous venons de mener, pendant six semaines, la dure vie des camps, et nous l'avons fort bien supportée. Nous avons voulu de la grande chasse, nous en avons eu. Soixante-dix éléphants, un camp de quinze tentes, quarante chariots, cent bœufs, cinq cents employés : voilà ce que comprenait notre convoi.

Nous avons tué vingt et un tigres en vingt-cinq jours: c'est le plus beau tableau qui ait été fait aux Indes depuis quinze ans. Il restera dans les annales de la chasse, et je ne crois pas qu'il soit dépassé de sitôt, au moins dans les conditions où nous nous sommes trouvés.

Il faut remarquer, en effet, que nous n'avons eu que trois véritables camps de chasse, que nous avons rapporté onze tigres au même camp, et que nous les avons tués tous dans un rectangle de seize milles de longueur sur douze à peine de large.

Certes, nous en avons manqué quelques-uns, mais peu, et jamais par maladresse de tireur. Quatre ont été abattus dans la même petite jungle fourrée, un en pleine forêt, ce qui est considéré comme à peu près impossible. Sur ces vingt et un tigres, deux sont fort beaux, un très vieux; et si l'on considère que ce dernier est un *hill tiger*, d'espèce trapue, à queue courte, qui n'atteint jamais la grandeur du *Bengal tiger*, nous pouvons affirmer que nous rapportons une peau comme on n'en verra pas de longtemps aux Indes.

Nous avons plusieurs tigresses de huit pieds, huit pieds huit et neuf pouces. Sanderson, qui est un des grands chasseurs de l'Inde, dit n'avoir jamais tué une tigresse de plus de huit pieds ni un mâle de plus de neuf pieds deux pouces, — et il n'avait pas affaire à des tigres de montagne.

Mon cousin et moi en avons tué douze. Lui n'en a jamais manqué un seul : je n'appelle pas manquer mettre une balle sur trois dans le but; à ce compte un perdreau tué du second coup serait manqué. Je veux dire qu'il a eu tous ceux qu'il a tirés et que dans tous il a retrouvé au moins une de ses balles. Il a même fait un jour un coup double, ce qui est absolument exceptionnel.

Quant à avancer, comme certains de nos compagnons, que si nous n'avions tiré que des tigres, nous en aurions rapporté trente, je n'y puis consentir. Sanderson dit fort justement que le gibier est la nourriture préférée du tigre : s'il s'attaque aux troupeaux, c'est parce que les animaux domestiques sont plus faciles à prendre. Les nombreux cerfs que nous blessions attiraient les félins en leur offrant une nourriture à leur gré et à leur portée. On s'est plaint quelquefois de nous voir viser des oiseaux : mais quand quatre cents coups ont été tirés sur des cerfs, comment cent coups de plus ou de moins changeraient-ils le résultat ? Nous avons tué tout ce qu'il était possible d'atteindre dans la contrée ; car nous avons fouillé tous les khobbers, et nous n'avons pas perdu trois tigres.

Avec les « si » et les « mais », on arrive à n'être jamais content de rien : nous avons bien souvent récriminé contre les inondations, contre les fausses manœuvres, les imprudences, les maladresses ; au fond, rien de tout cela ne nous a sérieusement nui.

Il y a quatre ans, lord de Grey est venu avec cent cinquante éléphants dans cette même contrée. C'était un homme de sport, peu soucieux d'histoire naturelle : il n'a pas dû prêter grande attention au *Glauridium cuculoides* ou au *Terpsiphone paradisei* comme on m'a parfois reproché de le faire. Eh bien, il a tué douze tigres en un mois. L'année dernière, le vice-roi est venu avec deux cents éléphants, et les meilleurs shikaris de l'Inde; on avait battu le pays un mois auparavant pour lui. Résultat: six tigres en dix jours.

On a bien ri lorsqu'on a su que M. Williams allait nous mener sur le même terrain. « Rira bien qui rira le dernier », pensait-il, et personne n'a songé à se moquer quand nous sommes rentrés à Calcutta.

L'HIMALAYA ET CEYLAN

I

Nous trouvons à Calcutta une température insupportable; la chaleur torride ne nous permet pas de sortir l'après-midi; l'air est humide et lourd; un quart d'heure de marche à pied épuise l'homme le plus vigoureux. Le ciel chargé semble toujours prêt à éclater, c'est ce qui arrive d'ailleurs presque tous les jours : la ville est inondée d'averses qui annoncent la saison des pluies, le ciel se fond en torrents d'eau chaude; en moins de dix minutes, ces orages balayent les rues et en font des rivières. Ce climat agit péniblement sur les nerfs des Européens nouveaux venus dans le pays; nous nous sentons envahis par un accablement profond et sommes obligés de lutter contre nous-mêmes pour faire le moindre mouvement.

La ville est d'ailleurs vide : tous les fonctionnaires et employés de race anglaise sont déjà partis pour les montagnes. Nous ne logeons plus à Government House, mais à l'hôtel de Paris. Mon récit ne serait pas complet si je ne disais un mot de M. Bansart, aussi connu à Calcutta que le Taj à Agra, ou l'Everest dans l'Himalaya.

L'hôtel de Paris est un modeste établissement dont l'extérieur sale et délabré ne séduit guère au premier abord. Un petit homme, à figure jaune descendant en triple menton sur la poitrine, la bedaine arrondie, nous y reçoit par ces mots :

— *Do you couche with oune moustiquaire?* ou *will you le punka?*

Nous sommes fixés, c'est un de nos compatriotes! En effet, M. Bansart, ancien cuisinier de l'empereur, venu aux Indes avec le marquis de Ripon, s'y est établi définitivement et manifeste sa nationalité nouvelle en lançant de continuelles diatribes contre le gouvernement actuel de la France, ce qui heureusement n'empêche pas sa table de nous rappeler les meilleurs dîners du café Bignon. Il reconnaît en nous des gourmets, comme la population anglaise ne saurait lui en offrir, et nous récompense en soignant sa cuisine.

Nous retrouvons à Calcutta nos amis de Breteuil et de Saulty qui ont passé deux mois en Assam, et en reviennent faits comme de vrais sauvages, le chef orné de chevelures et de barbes incultes. Ils se transforment vite au contact de la civilisation et redeviennent d'élégants gentlemen. Nous nous racontons nos chasses et comparons nos tableaux; ils n'ont pas à rougir du leur : vingt-huit buffles, seize rhinocéros, deux bisons, trois ours, un tigre.

Mais nous gardons une supériorité marquée.

Nous sortons peu dans la journée. Le duc d'Orléans et moi passons les après-midi dans un cabinet noir, à développer avec de la glace les plaques que j'ai rapportées du Népaul, tandis que deux Hindous agitent régulièrement de grandes punkas au-dessus de nos têtes.

Le soir nous varions nos promenades entre l'Eden-Garden, qui est un square où l'on fait de la musique, et le Jardin zoologique où nous allons voir les tigres et tâchons de leur parler leur langage. Ils semblent beaucoup plus terribles, enfermés dans leurs cages, que galopant en liberté dans la jungle.

Je fais également quelques visites au Muséum afin d'étudier les oiseaux que j'ai tués. Je remarque ici, comme je l'ai constaté déjà dans plusieurs autres collections, le peu d'accord qui règne parmi les savants sur la terminologie; un même oiseau porte trois ou quatre noms absolument différents. C'est l'origine de confusion perpétuelle.

Les plus beaux coups de fusil sont représentés dans cette galerie : un lion de Jules Gérard voisin avec un tigre abattu par Shillingforth. Ce dernier restera à jamais célèbre dans les annales indiennes : lui et son frère ont tué de leur main cinq cent quinze tigres.

Nous abandonnons Calcutta, les uns après les autres, pour partir dans différentes directions : Breteuil et Saulty gagnent Bombay d'où ils retourneront en Europe; le duc d'Orléans va rejoindre le régiment où il fera son stage, auprès de Simla; les Morès se rendent à Darjeeling dans l'Himalaya, où nous les accompagnons.

Darjeeling est située à l'extrémité d'une pointe de territoire anglais qui s'avance entre les frontières du Népaul et du Sikkim, jusqu'au Thibet où elle se heurte à la formidable rangée de l'Himalaya. La ville, élevée à huit mille pieds au-dessus de la mer, sert de sanitarium pour les officiers civils et militaires du Bengale.

Le voyage se fait le plus confortablement du monde et prend vingt heures de Calcutta; nous n'avons que l'ennui de changer quatre fois de train ou de bateau. Nous traversons le Gange en steamer, par une pluie torrentielle.

A Siliguri nous trouvons les premiers contreforts de la chaîne. Le pays est renommé pour ses tigres; mais nous avons clos cette chasse pour cette année.

Nous ne faisons que changer de train, et nous engageons sur un chemin de fer à voie étroite que parcourent des convois de dix voitures, la plupart ouvertes comme nos tramways; locomotive et wagons sont tout minuscules et font songer à des jouets d'enfants.

Avant d'arriver aux montagnes, nous traversons un pays assez semblable à celui où nous venons de chasser, et qui n'est d'ailleurs qu'une partie du Teraï : des prairies marécageuses semées de bouquets de bambous et, çà et là, des morceaux de « Sal Forest », avec des arbres droits, de même hauteur et de larges feuilles formant une voûte impénétrable.

Enfin, nous commençons à gravir les premières collines de la chaîne: de loin elles ne frappent guère, ce sont des hauteurs boisées, peu différentes de ce que je connais des Vosges. Nous sommes agréablement surpris, à mesure que nous montons, de sentir une brise fraîche qui nous emporte bien loin des

Indes. Voici d'abord une forêt dont les arbres chargés d'orchidées marient leurs troncs aux touffes des fougères les plus variées. Le chemin de fer monte en ligne droite et en pente douce; mais, un peu plus haut, il file en zigzag, côtoyant ou contournant la montagne. La végétation cache les précipices auprès desquels nous passons, et adoucit les pentes.

La jungle devient si fourrée que, par endroits, nous ne distinguons que le sommet des tiges, et que de vrais tapis aériens formés par les lianes qui se pressent, nous empêchent d'apercevoir la ravine. Ni les piétons, ni les éléphants ne sauraient pénétrer dans un pareil fouillis de verdure.

Le chemin de fer serpente à travers les courbes les plus gracieuses. Quelques-unes n'ont pas vingt-cinq mètres de diamètre. En plusieurs endroits, il « croise ses voies », comme on dit, en terme de chasse, c'est-à-dire qu'il décrit un cercle complet, et nous fait repasser sur un pont à quinze mètres au-dessus de l'endroit où nous étions quelques minutes auparavant. Parfois le procédé d'ascension est différent; le train franchit un aiguillage, puis fait machine en arrière, et s'engage sur un second aiguillage, pour se remettre en marche parallèlement à la première direction, mais après s'être élevé d'une vingtaine de mètres, grâce à cette manœuvre.

Peu à peu, la végétation change : quelques coteaux exposés au soleil sont défrichés pour la culture du thé, et les petits arbustes, régulièrement alignés, ont de la peine à cacher la terre de leur malingre feuillage; en sorte que, de loin, ces savantes plantations ressemblent à des terres arides.

Les grands arbres deviennent de plus en plus rares, nous entrons dans une région humide, enveloppée d'un épais brouillard. De l'eau partout : ruisseaux, cascades, rochers glissants, arbres couverts de gouttelettes. On peut dire qu'il n'y a pas un centimètre carré où l'on soit sûr d'être à sec; c'est aussi le royaume des fougères ; elles succèdent aux forêts et à la jungle tropicale. Elles tranchent vivement sur la monotonie des arbustes rabougris qui les accompagnent. Toutes les espèces abondent, depuis la fougère qui se cramponne, on ne sait comment, à un coin de rocher, et retombe comme des cheveux de femme, jusqu'aux fougères arborescentes de douze et quinze pieds qui forment de véritables futaies.

Nous nous arrêtons à mi-chemin à Kurseong. C'est un village composé d'une rue de baraques basses et sales, au milieu de laquelle passe le chemin de fer. On y trouve déjà cette population thibétaine que nous n'allons plus quitter jusqu'à Darjeeling. Le type en est laid et repoussant : face jaune et aplatie en forme de lune, nez camus, petits yeux fendus comme les Chinois, cheveux plats servant d'habitation à des légions de parasites. Les hommes sont généralement petits et imberbes; toute leur personne exhale une odeur « sui generis », qui n'a rien de délectable. Quant aux femmes, elles ne valent guère mieux : elles sont, en général, fort grosses et montrent une bouche énorme, armée de dents noires ou rouges. L'espace qui s'étend entre les deux points lacrymaux, et que les lois esthétiques veulent égal à la longueur d'un œil, est beaucoup plus grand chez elles, et les yeux mêmes n'ont rien d'humain; on dirait des coups de canif donnés au-dessus des pommettes.

Ces indigènes me rappellent les descriptions que j'ai lues des Lapons qui sont presque de même race. Deux particularités ajoutent encore à cette ressemblance : comme les Laponnes, les femmes thibétaines ont les seins mous et semblables à des sacs qui viendraient pendre sur l'abdomen ; elles portent, comme elles, leurs petits enfants sur le dos, dans un repli du vêtement, ou les placent dans une corbeille qu'elles suspendent entre deux arbres. On trouve absolument les mêmes mœurs chez les populations qui habitent le nord de la Sibérie.

Les Thibétaines ne se contentent pas de leurs avantages naturels ; il semble qu'elles cherchent à s'enlaidir encore, si c'est possible, et cela, par coquetterie. Elles remplacent le cold-cream, ou la poudre de riz que les dames européennes se mettent sur la figure, par du sang caillé.

A Kurseong, le petit hôtel est dirigé par un Suisse-Autrichien-Français. Il me fait voir un chat-ours qu'il est parvenu à conserver vivant : c'est l'*Ailurus fulgens*. Imaginez la tête du renard avec le corps ramassé et les grosses pattes de l'ours. L'animal est ravissant avec son pelage blanc et brun et si je devais revenir directement en France, je l'emporterais certainement, d'autant qu'il est fort rare.

Nous continuons à monter jusqu'à Ghum. C'est le village le plus élevé du monde (plus de sept mille pieds). De là, nous redescendons légèrement pour arriver, un quart d'heure après, à Darjeeling, terminus du chemin de fer, et but de notre voyage.

La station se compose de petites maisons, de cottages, de baraques éparpillées sur le flanc d'une colline, au fond d'un arc de cercle qu'elle ferme. Sauf une rue sale, bordée de quelques chétives boutiques, qui conduit à une esplanade où se tient le marché, il n'y a, à proprement parler, pas de ville. L'édifice principal est une grande bâtisse, rouge, de forme carrée, reposant lourdement sur un mamelon coupé comme un socle : c'est le sanitarium.

Je m'empresse d'organiser une expédition de chasse qui doit durer quatre jours : nous partirons à cheval, emportant quelques provisions de bouche, et coucherons dans les bungalaws que nous trouverons. Nous irons à Phallut, au pied des montagnes de neige, où l'on jouit, dit-on, d'une vue superbe. La route même est fort jolie jusque-là. Nous traverserons des bois de rhododendrons en fleurs, et nous pourrons tuer toutes sortes d'oiseaux rares.

Le 22 avril, je m'aperçois de la justesse du dicton : « L'homme propose et Dieu dispose. » Je me réveille fatigué avec un commencement de fièvre. Il me faut renoncer à l'expédition dans la montagne et consacrer quelques jours à me reposer.

M. de Boissy et Charles repartiront pour Calcutta afin de prendre les derniers arrangements avant notre départ définitif, et je reste ici en compagnie du fidèle Ali.

Mes journées se passent tranquillement, mais sans ennui. Le matin de bonne heure le panorama de l'Himalaya se déroule assez distinctement sous mes yeux; je me hâte d'en profiter, car, après midi, les nuages viennent le plus souvent borner et obscurcir l'horizon. J'aperçois de ma fenêtre le pic du Kitchen-Junga. Pour voir l'Everest, il faut monter sur un petit sommet, à un mille de là, le Tiger Hill. Le Kitchen-Junga n'est pas d'ailleurs une cime de médiocre altitude; mais la chaîne n'offre pas un aspect saisissant : elle ressemble à toutes les montagnes chargées de neiges éternelles. Aucun pic ne tranche sur la masse. Et nous-mêmes, placés à sept mille pieds, nous ne pouvons nous rendre compte de la hauteur prodigieuse de ces colosses.

Je m'amuse à observer les indigènes : ils sont laids, ils sont peu intelligents, mais ils sont très forts. On n'imagine pas les services qu'on peut tirer d'un coolie thibétain, et on ne commence à s'en faire une idée que lorsqu'on voit des petites filles de douze à treize ans enlever les plus grosses malles. Ce sont également les femmes qui portent les fardeaux de bois de chauffage jusqu'au sommet de la colline. Elles ont une hotte, et, au moyen d'une courroie, font peser tout l'effort sur leur front. On rencontre ainsi des convois de quinze à vingt de ces malheureuses, littéralement pliées en deux. Quelques-unes même, non contentes de la charge qui écrase leur dos, tiennent un enfant dans leurs bras. L'habitude fait supporter bien des souffrances.

Vous pouvez donc, si vous voulez voyager dans les montagnes, prendre avec vous tous les bagages dont vous avez besoin : des coolies vous les porteront pendant trente jours, faisant autant de chemin que vos poneys. Encore, dans les haltes, trouveront-ils le temps de courir les montagnes à la recherche du gibier, ou de faire des battues : en somme, une énergie physique prodigieuse, et l'on peut dire d'eux sans ironie ni malice qu'ils ressemblent plutôt à des bêtes de somme qu'à des hommes.

L'après-midi, je vais chez M. Mövis, un naturaliste à qui je suis adressé, et je m'attarde à regarder ses papillons, ses peaux, tout en causant d'histoire naturelle.

L'Himalaya renferme la plus belle collection de lépidoptères qu'il soit possible de voir ; je crois qu'à l'exception des mines de cuivre du Brésil où se trouvent les fameux papillons à reflets métalliques, aucune contrée ne peut rivaliser avec celle-ci.

Les femelles ont la parure la plus brillante, mais sont aussi les plus difficiles à capturer. Il est certaines espèces, dont les musées ne possèdent qu'un ou deux échantillons ; M. Mövis m'en montre un qui vaut cinquante livres à Londres.

Les insectes sont également très variés : longicornes dont les antennes, de longueur double du corps, se replient élégamment ; cerfs-volants, rhinocéros, mantes-prieuses de toutes tailles, etc. Je remarque une énorme arachnide, grosse comme un petit oiseau : c'est la célèbre et terrible tarentule.

Là conservation des insectes aux Indes demande beaucoup de soins : on ne peut se contenter de piquer les échantillons sur un carton en les arrosant de térébenthine ; il faut les empailler réellement un à un, et leur traverser les pattes avec des fils d'acier.

Quant aux oiseaux, M. Mövis n'en a pas beaucoup pour le moment. Mais dans les montagnes, à une certaine distance de Darjeeling, on trouve des faisans superbes ; c'est le tragopan (*Ceriornis satyra*), de la taille d'un petit dindon, avec une crête sur la tête, en forme de casque, la poitrine et le ventre carminés, et les ailes tachetées d'yeux bleus ; puis le lophophore (*Lophophorus splendens*), que les Anglais appellent le *snow-pheasant*, auquel on ne peut assigner de couleur positive : il est noir, bleu, vert ; son plumage est

un reflet perpétuel comme l'atteste son nom.
Le *blood-pheasant*, faisan de sang, est beaucoup plus petit que les précédents, son corps
est de teinte grisâtre et sa queue est un bouquet de plumes rouges; la couleur en est si
vive qu'elle ne semble point naturelle. Autre
particularité, il porte trois éperons à chacune
de ses pattes. A mon avis, c'est plutôt un coq
proprement dit qu'un faisan *(Ithaginis cruen-
tus)*. D'autres espèces sont communes : on
trouve le faisan doré, par exemple, et le
faisan noir à tête et col blancs *(Euplocomon'a
kirrik)*, qui n'est autre que le kirrik des Népaulais,

Je ne veux pas terminer cette nomenclature
sans parler du fameux *argus* qu'on rencontre,
dit-on, assez souvent dans ces parages. J'aurais volontiers cédé un de mes tigres pour
tuer un échantillon de cet oiseau qui a la
taille d'un paon, et doit son nom aux mille
yeux dont ses ailes sont couvertes. Mais il
faut y renoncer.

M. Mövis me montre encore une superbe
peau de léopard; il y en a beaucoup dans
l'Himalaya. Le plus beau est le *Felis panthera*,

proprement léopard, tandis que la petite espèce est le *Felis pardus*, que je crois être la panthère, conformément à l'opinion de plusieurs chasseurs, notamment de Sterdale : ce n'est d'ailleurs qu'une question de mots. Quoi qu'il en soit, les premiers se rencontrent assez fréquemment dans ces parages et atteignent neuf pieds de longueur. Les autres se rangent en deux catégories : la panthère noire *(Felis melas)*, sur la férocité de laquelle on a bâti bien des légendes et qu'il ne faut considérer que comme une variété, puisque, souvent, elle naît de père et de mère ocellés, et la panthère blanche *(snow pard)*, qui ne doit pas former non plus une espèce à part. Je ne puis pourtant me prononcer sur ce dernier point, car les livres d'histoire naturelle que j'ai à ma disposition ne font aucune mention de cet animal, dont on n'a tué que deux ou trois spécimens. Elle habite auprès des neiges, et, selon la loi de l'adaptation des êtres au milieu, elle est devenue entièrement blanche. Lorsque le soleil frappe sur sa peau, on voit encore la trace des taches disparues, comme dans la noire d'ailleurs.

Quant aux tigres, il y en a peu dans les montagnes mêmes, et ils sont moins grands que ceux du Bengale.

Les ours sont assez abondants, de petits ours noirs qui n'ont rien de remarquable. On trouve également l'*Ailurus fulgens* dont j'ai parlé plus haut. Mais pour rencontrer le superbe *Ailurapus anolcucos*, il faut franchir l'Himalaya, et on n'en connaît que trois individus envoyés par le Père David au muséum du Jardin des Plantes.

Un superbe animal, auprès duquel nos plus beaux dix cors sembleraient mesquins, est le *Cervus affinis*, particulier au Thibet et au Sikkim. On chasse aussi, aux environs, une sorte de chamois, le *newarhorches gorol*, mais il se fait rare.

Enfin, on y trouve l'*Ovis* ou mouton sauvage au poil gris, légèrement bleuâtre, dont les paysans vendent les peaux.

Chaque visite chez M. Mövis me laisse plus enthousiasmé de l'Himalaya, et me donne le désir d'en étudier spécialement la faune, encore si peu connue.

Je rentre pour faire ma correspondance et

je sors de nouveau vers six heures. Je me dirige vers une sorte de sentier *(maide-road)*, qui tourne autour de la colline sur laquelle s'appuie Darjeeling, en passant près du cottage affecté aux gouverneurs du Bengale (Government House). C'est la promenade « chic », le « persil » de l'endroit, où l'on se promène de cinq à sept heures. Ceux qui ne se contentent pas de leurs jambes ont trois moyens de transport.

1° Les poneys de montagne, pas élégants, mais bons. Les dames se mettent en amazone pour faire une quinzaine de fois le tour de cette colline, et disent sérieusement qu'elles montent à cheval.

2° La chaise à porteurs, très usitée, mais qui me semble incommode, et dont j'ai toujours refusé de me servir. C'est une litière où l'on s'appuie, tant bien que mal, sur un coussin, en se retenant des deux mains. Les porteurs vont très vite, à une allure que je comparerais volontiers à l'amble.

3° Des petites voitures d'invalides que deux hommes traînent.

Tous ces véhicules se réunissent au sommet

de la colline, autour de la musique (car il y en a une, un atroce concert de foire), et les promeneurs se donnent, à peu de frais, l'illusion de la haute vie.

Grâce à ces diverses distractions, le temps passe assez vite, malgré la solitude dans laquelle je vis. Le climat est sain, et la fraîcheur telle, que nous sommes obligés de faire du feu le soir. Aussi est-ce pour moi une impression pénible que de me retrouver le 29 avril à Calcutta, sous un ciel de feu. Ce n'est heureusement que pour quelques heures.

II

Le 30 avril au matin, après avoir fait nos
adieux à M. Bansart, et remercié le fidèle Ali
de ses bons et loyaux services, nous nous
embarquons sur le *Tanaïs*, mouillé dans l'Houghly non loin de l'Eden-Garden.

C'est un bon vapeur, bien qu'il ne soit pas
de la taille de ceux qui font le service de
Chine. Les cabines sont petites, mais je me
promets d'y mettre rarement les pieds. Il y a,
heureusement, fort peu de passagers.

Nous redescendons l'Houghly et traversons

une nouvelle partie des Sundarbands, celle-ci, assez cultivée, jusqu'à la mer. Nous côtoyous l'île do Saugor et apercevons les refuges qu'on élevait autrefois contre les tigres. Je songe aux effrayants récits que faisait de ce voyage un officier français venu à Calcutta, au siècle dernier, M. de Grandpré.

A mesure qu'on approche de l'Océan, le fleuve s'élargit, au point que les berges se perdent dans la brume. Il est rempli de bancs de sables qui le rendent assez dangereux et l'on voit encore, sortant de l'eau, les mâts d'un vaisseau anglais échoué l'année dernière. Quant au légendaire Sunder et à ses trésors perdus, il n'en reste plus trace : Shepperd a bien gardé son secret.

Nous passons une nuit à l'ancre, à l'embou-chure du fleuve, pour attendre la marée ; la barre est assez forte ; le lendemain, un peu de houle au départ.

Le 4 mai, après trois jours d'une mer rela-tivement bonne, nous arrivons à Madras dans la matinée. Je m'étonne qu'une ville de cette importance (400 000 habitants), et surtout an-glaise, ne possède pas encore de port. J'apprends qu'on a essayé de faire un brise-lames ; mais qu'une tempête l'a en grande partie détruit : çà et là, apparaissent encore les sommets de quelques blocs retournés. Pour le moment, on a renoncé à ce travail, et nous mouillons à découvert.

Vue du navire, Madras est fort ordinaire. C'est une ville basse, très étendue, coupée de larges avenues brûlées par le soleil, et qui semble déserte. Elle est entourée de bois de palmiers régulièrement plantés et séparés de la mer seulement par une petite bande de sable. En somme, le panorama est banal ; la rive semble si plate qu'on se demande ce qui peut arrêter les flots.

Mais le bord de la mer offre un aspect tout différent : il y règne un mouvement et une vie dont il est difficile de se faire une idée. Cette agitation est due aux *catimarons*, qui sont des canots, — si on peut leur donner ce nom, — formés de deux ou trois troncs d'arbres reliés ensemble. Tout insubmersibles qu'ils soient, ils chavirent continuellement ; pour se promener sur ces embarcations, la première condition est de savoir bien nager et de n'avoir pas peur des requins, qui pullulent par ici.

Mais on sait que pour saisir leur proie, les squales sont obligés de se retourner : or, les noirs se meuvent dans l'eau comme de vrais poissons, et, avant que le requin ait pu se mettre sur le dos, ils ont eu le temps de plonger ou de s'enfuir. C'est sur la côte de Malaisie, un peu plus au sud, que d'intrépides plongeurs osent attaquer le requin, un kriss à la main, au risque de se laisser happer par lui.

Le 6 mai, nous arrivons à Pondichéry. Je n'avais pas désiré de visiter les Indes françaises : les vestiges délabrés de notre grandeur passée m'auraient fait mal à voir, à moi surtout, qui depuis six mois contemple la glorieuse prospérité de l'empire britannique. Mais puisqu'il m'est donné de passer par Pondichéry, au moins y saluerai-je l'ombre d'un héros de notre histoire, de Dupleix.

Pondichéry, de loin, a l'air d'une petite ville gaie, également enserrée dans des bois de palmiers, comme Madras, mais plus dense et moins étendue que cette dernière. Notre arrivée y est annoncée par deux coups de canon qui retentissent joyeusement, et le pavillon français flotte sur le mât. C'est loin de Paris, mais c'est encore la France, et après sept mois d'absence nous éprouvons une véritable joie à fouler le sol de la patrie.

Pas de port non plus : ici deux shlingues font le service du débarquement. On accoste un *pier* en bois qui s'avance d'une centaine de mètres dans la mer.

En quittant le pier, nous arrivons à la place Dupleix, aujourd'hui place de la République. La disposition en est originale : d'un côté une douzaine de piliers, de vingt pieds de haut, forment un demi-cercle qui ne soutient aucun couronnement ; ces monolithes, gris, couverts de sculptures représentant des dieux hindous, avaient été donnés par le maharajah de Mysore à Dupleix pour faire la façade de son palais. Les Anglais les ont retrouvés enfouis, il y a une trentaine d'années, et, avec une générosité ironique, les ont rendus à la France. De l'autre côté sur un fond de verdure, se détache la statue de Dupleix. Le grand colonisateur s'appuie fièrement sur un piédestal formé de socles de piliers semblables aux précédents et réunis ensemble.

Que de souvenirs cette statue réveille en moi qui ai étudié cette histoire avec passion, qui l'ai traitée dans mon examen pour Saint-Cyr ! La grande épopée des colonies françaises repasse devant mes yeux, depuis la fondation de Poolchery (Pondichéry) par Martin, au XVIIᵉ siècle, jusqu'à la défaite suprême de Lally-Tollendal !

Je revois la bataille de San-Tomé, la prise de Madras, la défense héroïque de Pondichéry, la défaite de Murzapha Jung, le siège de Giugi, enfin la suprématie de la France aux Indes. Et je songe avec tristesse qu'il se trouve chez nous des gens sérieux pour dire : « Ne nous engageons pas dans des expéditions lointaines, nous ne sommes pas colonisateurs », — et que c'est pour des raisons de cet ordre que tant de forces vives sont perdues !

Il y a cinquante ans, lord Napier, passant à Pondichéry, s'arrête sur la place Dupleix et fait cette réflexion : « Je ne vous comprends pas, vous autres Français ; vous avez des piliers qui ne supportent rien, une fontaine où il ne coule pas d'eau, et une Monnaie où l'on ne frappe pas de pièces. » Hélas ! voilà le résumé de la moitié de notre histoire !

Les rues de Pondichéry sont véritablement barrées par les pousse-pousse. C'est le seul genre de véhicule usité dans le pays ; figurez-vous une sorte de voiture de malade surmontée d'un parasol ; deux natifs la poussent par derrière et vous la dirigez par devant au moyen d'une tige qui fait tourner les roues comme un gouvernail. Les conducteurs se pressent à qui vous emmènera, et vous tiraillent en tous sens. Inutile de les bousculer pour se défendre : comme Thémistocle, ils vous diront philosophiquement : « Frappe, mais prends. »

Les allées de la ville sont jolies, propres, ombragées, bordées tantôt de tulipiers, tantôt de figuiers des banians. Mais Pondichéry est bien petit, et en somme ce n'est plus qu'une niche pour la statue de Dupleix. On ne peut y marcher deux heures en ligne droite sans rencontrer le territoire anglais.

La fabrication de l'huile d'arachides est la seule industrie de la ville : elle représente trente millions d'affaires par an et occupe quinze bateaux. Quant au sel et à l'opium, qui étaient un de ses revenus, elle a renoncé à en produire : le gouvernement anglais lui paye à cet effet une rente d'un million par an.

Nous longeons les cimetières (hautes castes, parias, catholiques, protestants, etc.), et visitons le quartier hindou, ou ce qu'on est convenu d'appeler plus particulièrement ainsi, car les habitations européennes ne sont guère séparées des autres. Il est assez propre et se compose de maisons basses, avec de petites boutiques ouvertes en forme de niches comme la plupart des bazars ; tels de ces natifs, sont, paraît-il, fort riches et ont des millions renfermés chez eux. Ils n'en continuent pas moins leur commerce pour gagner quelques anas par jour. Devant un pavillon, je remarque une hutte en feuillage, palmes et feuilles de bambous, avec une porte en forme d'arc de triomphe. Je m'informe : on m'explique que les chambres se trouvant trop étroites, cet atrium improvisé est destiné à recevoir les invités qui vont affluer à l'occasion d'une noce.

Nous nous arrêtons devant une pagode. Je n'entre pas ; ce que je vois extérieurement me suffit tout à fait : on ne peut imaginer un plus affreux fouillis, un amoncellement plus lourd de sculptures de mauvais goût, dieux, éléphants, tigres, bariolés de couleurs les plus criardes, jurant les unes avec les autres; le tout a la forme d'une pyramide tronquée. On ne trouve rien à acheter dans ce pays, mais on y travaille assez bien l'or. Nous confions quelques livres (sterling) à un joaillier qui prélève une légère parcelle sur la pièce, et transforme le reste en bague ou en manche de canne.

Le 26 mai, nous disons enfin adieu à Pondichéry; je salue une dernière fois Dupleix, et nous nous mettons en route pour Ceylan, où nous ferons halte avant de mettre le cap sur le Japon. Nous évitons le détroit de Palk et passons en vue du feu des Basses, où bon nombre de navires se sont perdus; de là nous apercevons la silhouette du fameux pic d'Adam, qui n'a rien de bien particulier d'autant qu'il est détrôné maintenant; trois pics dans l'île même l'emportent sur lui en altitude. Il en est de même de l'Everest dans l'Himalaya; toutes les plus anciennes réputations sont tour à tour démenties: il faut du nouveau, même en géographie.

20.

Nous approchons de Columbo ; à mesure que nous nous éloignons du golfe du Bengale, la température se fait plus clémente. Nous trouvons même un peu de houle et de brise dans le détroit.

A la surface de la mer ondulent des zones jaunâtres, semblables à ces amas de détritus organiques qui se forment dans les remous des rivières ; le commandant en fait prendre un seau ; nous y découvrons, au microscope, une foule d'animalcules de même espèce, verts avec des raies jaunes, et ayant la forme de certaines graines. Le commandant, qui les a observés déjà avec un appareil plus fort que le nôtre, les a reconnus composés de plusieurs cellules. Lorsqu'on verse de l'eau douce dessus, les cellules se séparent, et l'ensemble prend une couleur blanchâtre, exhalant une odeur d'iode propre aux décompositions : de là le phénomène connu sous le nom de « mer de lait ».

Haeckel, le grand naturaliste allemand, qui a écrit un ouvrage sur les coraux d'Arabie, est venu pendant deux mois étudier la mer de Ceylan et a donné le nom de « gelée pélagique » à ces détritus.

Il attribue cette sanie laiteuse à la mort des animaux, tandis que le commandant y voit au contraire la fécondation de certains pollens de plantes marines, que l'eau désagrégerait.

Les matelots ne cherchent pas aussi loin : ils disent que c'est du frai de poisson.

Cette dernière hypothèse ne me semble guère probable ; j'inclinerais plutôt à accepter celle de Haeckel.

Nous commençons à rencontrer les canots des natifs. Leur originalité principale consiste dans l'introduction du balancier comme moyen d'équilibre.

La coque est en effet assez élevée sur l'eau, et très mince ; on a peine à y mettre les deux jambes. Une telle embarcation chavirerait promptement si, parallèlement au bateau et à deux ou trois mètres sur le côté, ne se trouvait placée une poutre reliée au fond par deux bambous, un à l'avant, l'autre à l'arrière, et qui sert de contrepoids. Ces canots vont assez vite, mais sont difficiles à manœuvrer, puisqu'ils n'ont ni proue ni poupe et ne permettent d'accoster que par le flanc ; on rame généralement du côté opposé au contrepoids

Pour se servir de la voile, les natifs tendent une pièce de toile rectangulaire fixée en haut à une fourche en forme de V, et en bas à un des bords du canot. Si le vent est trop fort et que le balancier ne suffise pas, un ou plusieurs hommes vont s'accroupir dessus pour en aug--menter le poids. C'est certainement l'embarcation la plus désagréable qu'on puisse rêver, mais elle est très sûre, et les pêcheurs sortent dedans par les plus gros temps.

III

Columbo est un beau port, orné d'un superbe brise-lames de deux cents mètres au moins, qui abrite en ce moment cinq ou six grands vapeurs, des *P. and O.* et des *British India*. Au premier plan on distingue, à une cinquantaine de mètres du rivage, l'*Oriental hotel*, un vrai monument. Pourtant le panorama n'est pas si merveilleux que la plupart des récits de voyage le feraient croire. J'aime beaucoup mieux la rade de Bombay avec ses nombreux navires, ses collines boisées au loin et les grands édifices qui tranchent sur le fond sombre de l'horizon.

Les rues de Columbo sont larges, quelques-unes bordées d'arcades, d'autres ombragées d'arbres. On est surpris de rencontrer l'eau, de quelque côté qu'on marche : en avant, à droite et à gauche, c'est la mer ; en arrière, c'est un lac.

La ville a plutôt un aspect européen qu'hindou. Les boutiques sont de plain-pied avec les rues et disposées comme les nôtres. Nous les visitons : les marchands portent ordinairement un petit jupon léger à carreaux, un paletot à l'européenne, et un bonnet élevé comme les bonnets persans, en paille jaune et rouge. Tous d'ailleurs vendent les mêmes objets : de petits éléphants d'ivoire ou d'ébène, des couteaux et des boîtes taillées en l'une ou l'autre de ces matières, des pierres précieuses. Ceylan est célèbre par ses gemmes, surtout par ses saphirs. Mais on n'en trouve ici aucun échantillon. Tout ce qui a quelque valeur est envoyé en France ou en Angleterre. Nous voyons tant de pierres fausses, teintes ou criblées de défauts, toutes fort chères d'ailleurs, que nous préférons nous abstenir.

Nous allons dîner à Mont-Lavinia : c'est un hôtel situé sur le bord de la mer, à une demi-heure de Columbo. La route est très jolie, bordée de maisonnettes d'indigènes alternant avec des constructions de pierre et des jardins. Mais le tout est enfoui et disparaît littéralement sous un océan de verdure. Voici enfin cette végétation tropicale, que nous avons en vain cherchée aux Indes : partout des bois d'immenses cocotiers couvrent le sol. La noix de coco suffit aux besoins les plus variés : nourriture, boisson, vin, sucre, huile, elle fournit toutes les formes de comestibles, sans compter que le bois de cocotier est excellent pour la construction. Cet arbre n'est pourtant pas le seul à représenter ici la famille des palmiers : nous trouvons le *Borassus flabelliformis*, ou palmier de Palmyre, avec son feuillage disposé en éventail au sommet d'un tronc élancé il est célèbre dans maint chant populaire de l'Inde : au dire des poètes, il peut répondre à huit cents usages différents ; puis le kittul (*Caryota urens*), qu'on cultive à cause de sa sève sucrée et qui nous rappelle l'arbre à Tody.

Mais les natifs préfèrent encore l'*Areca ca-techu*. Ce palmier, qui rappelle beaucoup le cocotier, est une source de revenus considérables pour Ceylan. C'est sa noix qu'on mêle au bétel et qui donne à la salive cette hideuse couleur sanguinolente. Son tronc uni, généralement blanc et renflé au milieu, est d'ailleurs très décoratif; on dirait d'un cierge géant.

Aux palmiers se mêlent de superbes groupes de bananiers (*Musa sapientum*), aux longues feuilles vertes.

Çà et là on voit l'arbre à pain *(Artocarpus integrifolia)*, dont les curieux fruits, qui pendent directement au tronc, atteignent de trente à cinquante livres.

Et sur ces lits de sombre verdure, se détachent des fleurs éclatantes; c'est le *Cesalpinia* avec ses grappes écarlates, l'*Ipomœa pescapri*, qui enroule le long des troncs ses guirlandes violettes.

Rien ne manque à ce tableau: les plantes grimpantes viennent donner aux palmiers les couleurs qu'ils ne possèdent pas. De cette puissante végétation, sort un parfum doux, fin et délicieux. On respire à pleins poumons, on regarde à pleins yeux, et l'on se sent noyé dans une telle exubérance de vie qu'on croit rêver.

Là route est couverte de monde, des natifs vont et viennent : ce sont des Cinghalais proprement dits; ils ont le front fuyant, le nez droit; le teint n'est pas aussi foncé chez eux que chez les Tamils du sud de l'Inde. En somme, leur physionomie est assez agréable, mais ils sont par trop efféminés. Ils ont une voix faible, de longs cheveux qu'ils tordent en un petit chignon comme les Japonaises, et un peigne en arc de cercle sur le derrière de la tête placé à l'inverse des peignes que portent les jeunes filles chez nous.

Quand nous les voyons de dos, nous nous demandons toujours si ce sont des hommes ou des femmes. Tous courent après notre voiture, jusqu'aux hommes de trente à quarante ans, qui gambadent comme de vrais enfants. Ce sont en effet, des êtres, des enfants abandonnés à leurs instincts; pourquoi travailleraient-ils puisqu'ils trouvent à vivre sans rien faire?

Les Anglais ont exécuté un petit tour de

force à Mont-Lavinia : ils ont trouvé moyen d'élever l'hôtel sur un tertre entouré de trois côtés par la mer, mais où il n'y a pas un arbre, pas un ombrage, pas un brin de verdure.

Le retour est fort joli. Les indigènes se promènent avec des torches, formées de feuilles de palmiers : ces grandes flammes rouges, en se balançant, viennent se refléter sur les bois qui longent la route et donnent aux arbres les aspects les plus étranges. Les troncs prennent des tons de sang, les bouquets de feuilles semblent des gerbes d'acier : c'est le décor d'une nuit infernale.

L'arrivée à Columbo nous tire de notre rêve.

Nous allons profiter de notre séjour à Ceylan pour faire une pointe dans l'intérieur. Le *Yang-Tsé*, qui nous emportera au Japon, ne sera ici que le 10 ; nous avons par conséquent deux jours à dépenser. Le seul chemin de fer, allant dans le nord, est celui qui mène à Candy. Il a un embranchement qui aboutit à Nerseria Ellia, le grand sanitarium de l'île, situé au pied du pic de Pedrotagalla. Mais cette station est trop éloignée et nous aurions à peine le temps d'y passer quelques heures; nous nous contenterons de Candy.

Il pleut au départ. Pendant la nuit, éclate un violent orage avec roulements de tonnerre continus, qui font trembler l'hôtel. C'est le commencement de la mousson. Les tempêtes sont terribles dans ce pays.

Nous traversons d'abord des champs inondés, marais et rizières, entourés de bouquets d'arbres de diverses espèces. Sur une digue, j'aperçois un grand lézard noir arrêté; c'est le fameux *Hydrosaurus salvator*, assez inoffensif, mais dont les indigènes ont grand'peur. Il atteint deux mètres.

La plaine est bientôt remplacée par une jungle élevée et épaisse, d'où émergent çà et là des têtes de palmiers; ils remplacent ici les bambous de la jungle de Siliguri, à qui d'ailleurs celle-ci ressemble fort. Toujours les mêmes fourrés où l'on ne peut pénétrer que la hache à la main, la forêt vierge défendue contre l'envahissement de l'homme par les plantes grimpantes et les lianes épineuses qui, à chaque pas, lui barrent la route du sanctuaire que la nature s'est plu à garder de toute atteinte.

Vains efforts! le travail de l'homme triomphera tôt ou tard de ces résistances et ces forêts s'abattront sous la hache.

Nous commençons à entrer dans la région des collines. Cette fois-ci nous nous élevons en pente douce sans changer de voie ni de train. La jungle s'éclaircit, s'abaisse, se sèche. Elle fait place çà et là à d'énormes blocs de rochers grisâtres, sur lesquels la végétation n'a pas de prise. On retrouve ici les bananiers sauvages. Nous ne sommes pas encore à la zone des fougères arborescentes qui abondent à Nerseria Ellia.

A mesure que nous avançons, les fourrés moins épais et moins sombres se colorent. Des plantes rouges bordent le chemin de fer; on aperçoit le *Gloriosa superba*, ce fameux lis grimpant, dont la beauté attire tous les regards, mais dont la corolle recèle un poison mortel; des *Hibiscus*, aux grandes fleurs jaunes, courent d'un arbre à l'autre; nous admirons aussi de nombreuses variétés d'asclépiades à l'éclatante floraison. Partout les palmiers pullulent et s'élancent à vingt ou trente pieds du sol.

Nous nous élevons encore et la vue devient féerique. C'est un amas de tons riches, une harmonie de couleurs et une variété de feuillages, tel que l'Europe n'en saurait donner aucune idée. Et tout cela conserve une fraîcheur, une spontanéité, une virginité qui me rappellent ce doux vers de Lucrèce :

Novitas jam florida mundi.

On sent que l'homme n'a pas encore passé par là, pour substituer à cette libre expansion de la vie la mesquine convention de son idéal.

Mais je m'aperçois que je m'aventure un peu trop, car voici des coteaux qui m'ont tout l'air d'avoir été défrichés pour la culture du thé et du café.

Cela m'amène à dire un mot de la richesse végétale de Ceylan où l'on peut distinguer la « richesse indigène » et la « richesse introduite ».

La première comprend les plantes qui poussent naturellement ici et dont j'ai parlé déjà, les palmiers (cocotiers, palmiers de Palmyre, Kittul, areca), les orangers, les manguiers, le coton (*Bombax malabaricum*), et quelques autres produits.

Bien différente est la « richesse introduite » en laquelle réside l'avenir de l'île.

Au premier rang se place le café.

Il a été introduit à Ceylan par les Arabes avant les Hollandais ; mais on n'a guère commencé à le cultiver régulièrement que vers 1740. Cette culture, après un ou deux temps d'arrêt, est allée toujours en croissant jusqu'aux années 1868, 1869, 1870, où elle a atteint son maximum de développement : on exportait alors pour quatre millions de livres sterling de café par an (en 1837, 120000 liv. st. seulement).

C'est cela même qui a fait choisir Columbo comme port principal de l'île, car Pointe-de-Galles eût offert beaucoup plus d'avantages naturels, et eût exigé moins de travaux ; ainsi s'explique également la construction du chemin de fer de Columbo à Candy : les plantations sont toutes situées dans cette région.

1870 fut une année terrible pour les planteurs de Ceylan, car elle leur a apporté l'oïdium du café, l'*Homileia vastatrix*. Encore ne peut-on pas dire que c'est l'époque de son apparition : comme l'a fait remarquer le docteur Triman, le terrible parasite (c'est un champignon) habitait déjà une plante de la jungle ; mais il fit alors connaissance avec le café, s'y trouva bien, se développa et causa d'immenses ravages. Il commença par les jeunes pieds et s'étendit bientôt aux anciens.

Les planteurs ne se laissèrent pas déconcerter : aussi bien le prix du café avait-il monté en proportion des désastres éprouvés : on se contenta d'étendre le champ d'exploitation pour maintenir la production.

Mais, en même temps, cette culture se développait rapidement au Brésil où le café n'avait pas trouvé de parasite : le prix baissa sur le marché. Survint une mauvaise saison qui détruisit à Ceylan la plus grande partie de la récolte.

Ces circonstances réunies ont porté un terrible coup aux planteurs qui ont dû se tourner vers d'autres entreprises.

L'arbre à quinquina s'acclimatait parfaitement, mais il existe dans l'île un préjugé contre les plantes médicinales ; malgré les encouragements du gouverneur Grégory, le quinquina n'a jamais occupé plus de six mille acres de terre.

C'était le thé qui devait compenser les pertes subies dans la culture du café.

Le thé a été importé de Chine, il y a une quarantaine d'années, par les Worms, cousins des Rothschild. Depuis 1872, cette plantation a pris un grand développement. Elle présente, à la vérité, de sérieux avantages : l'arbuste à thé vient sur une ancienne terre à café, comme sur une terre fraîche ; il demande peu de soins, et ne court guère de dangers que pendant une ou deux semaines, tandis qu'un seul jour de mauvais temps sur un mois peut détruire une récolte de café.

Aussi, aujourd'hui, en 1887, la quantité de café exportée n'atteint-elle pas le cinquième de ce qu'elle était en 1870 ; la culture rivale l'a emporté.

Le thé de Ceylan est fort bon ; il est bien accueilli sur le marché anglais. On peut le fournir à meilleur marché que celui de Chine ; actuellement les demandes dépassent la production : c'est là vraiment l'avenir de Ceylan.

Nous arrivons dans l'après-midi à Candy, où, comme nous l'avaient annoncé les officiers du *Tanaïs*, nous éprouvons un vif désappointement. La végétation y manque tout à fait, c'est un trou nu au milieu de la verdure de l'île. Candy n'est d'ailleurs qu'un petit village formé d'une seule rue, et toute sa célébrité vient de son temple.

Ce sanctuaire, aussi surchargé, aussi peintur- luré que ses semblables, renferme une dent de Bouddha que les fidèles sont admis à contem- pler les jours de grande fête. Des Anglais assez heureux pour avoir vu cette relique m'ont avoué que c'est tout simplement une molaire de bœuf. Nous n'avons pas le droit de nous mo- quer : pour ne parler que du moyen âge, n'a-t-on pas honoré, chez nous, pendant des siècles, une dent de mammouth qui passait pour être de Saint-Christophe ?

Le lendemain nous partons pour Péradénia, en voiture cette fois, et la route que nous sui- vons est un véritable enchantement.

Çà et là on traverse de riants villages entre lesquels la campagne est comme un parc éblouissant.

Les arbres sont toujours des cocotiers, des arécas, des kittuls, des palmiers de toutes sor- tes ; partout les haies sont en fleurs ; j'y vois la marguerite dorée (*Stifflia crysantha*), qui ici est arborescente et forme de larges buissons ; les achyples aux couleurs variées (*Aclipha bicolor*), allant du vert au rouge, en passant par le jaune et le brun ; la frangipane embaumée, la « fleur de paon » (*Poinciana regia*) qui semble un arc-en-ciel terrestre ; les *bougainville* et les liserons qui suspendent aux broussailles leurs grands tubes d'argent ; enfin ce bel *Hibiscus* que les Anglais profanent en le nommant « fleur de soulier » parce qu'on peut en faire un cirage !

Nous nous oublions à admirer le chemin, sans remarquer que nous sommes arrivés...

Il nous faut pourtant voir le jardin botanique de Péradénia, dont on dit merveille. Fondé en 1819 par le gouvernement anglais, il a été successivement confié à la direction de Gardener, du docteur Thwaites, auteur de la *Flora ceylanica* et du docteur Henri Frimen. Ce dernier est le directeur actuel. Sous les efforts de ces trois savants, l'établissement a fait de rapides progrès. C'est maintenant un des plus beaux, sinon le plus beau jardin botanique du monde. La collection d'arbres est particulièrement remarquable. Ce qui frappe surtout le visiteur, c'est qu'au lieu de trouver les plantes, régulièrement alignées les unes à côté des autres, il rencontre un véritable fouillis, où règne ce « beau désordre », qui est le comble de l'art. Les directeurs ont tenu, avec raison, à écarter toute apparence d'artifice. La nature se présente toute nue; et, n'était la propreté des allées, n'étaient surtout les petites étiquettes, habilement dissimulées au pied des troncs, on pourrait se croire en pleine jungle.

La végétation est ici d'une puissance et d'une grandeur extraordinaires : on en vient à se demander si ce n'est pas au travers d'une loupe qu'on regarde, tant on se sent écrasé devant ces géants de la terre. Les palmiers ont 80 pieds, les fougères 20, les bambous 70 au moins. On ne reconnaît guère ces plantes si chétives et malingres chez nous. Nous passons auprès de deux caoutchoucs (*Ficus elastica*) qui ont cent pieds. Leurs racines s'étendent sur un rayon de trente mètres. Elles sont en arête, et s'élèvent à deux ou trois pieds au-dessus du sol, en se ramifiant si tortueusement qu'on croirait voir les dos et les membres de quelques monstres antédiluviens pressés autour du tronc, une réunion de plésiosaures, tenant un dernier conseil à l'ombre d'un figuier géant. Peut-être une proie leur a-t-elle échappé et se serrent-ils au pied de l'arbre pour faire un siège? Ou tous ces corps n'en forment-ils qu'un, pieuvre gigantesque, ou mystérieux Kraken émergé des eaux?

Cette illusion est telle que les natifs ont surnommé ce caoutchouc « l'arbre à serpents ».

Nous ne pouvons nous arrêter à chaque pas, mais la promenade est délicieuse, et nous ne nous lassons pas d'en goûter le charme. L'air est embaumé; on foule des clous de girofle, qui remplacent le gravier des allées. La *Michelia champacea*, un magnolia superbe, étale ses larges fleurs blanches, dont le parfum ravit et étourdit même le voyageur. Son ombre est perfide, comme celle du mancenilier. Puis c'est le tulipier aux fleurs d'or (*Thespeia populea*), l'arbre couvert de grappes écarlates (*Poinciana regia*), l'arbre à corail qui, comme son nom l'indique, s'enveloppe d'un manteau rouge à l'époque de la floraison, je veux dire toute l'année, car dans ce pays enchanté on ne distingue guère de saisons.

Nous traversons un petit bois de fougères : j'y vois les *Alsophiles* au tronc noir, les *Angiopteris* en éventail, et, si je regarde à terre, les frêles *saginelles*, les *capillaires* tremblants, et les *lycopodes*, qui déroulent pendant plusieurs mètres leurs rubans finement découpés. Plus loin le palmier grimpant (*Calamus*), et cette liane à large feuille tranchée en grands lobes, qu'on nomme la *Monsterra deliciosa*.

Mais nous avons hâte de sortir de l'élégant labyrinthe qui sillonne ce bois. C'est un tel amoncellement de plantes, la voûte de verdure est si serrée qu'elle permet à peine aux rayons solaires de la traverser : il y fait presque trop frais.

Je m'arrête pourtant à admirer quelques *orchidées* ; une surtout est superbe, une espèce terrestre : d'une touffe de larges feuilles vertes, semblables à ces feuillages d'ornement dont on fait tant de cas dans nos appartements, s'élance à quatre pieds de hauteur une tige terminée par une grappe de fleurs blanches, dans le genre de la tubéreuse, mais exhalant un parfum mille fois plus doux. Tout autre est l'odeur d'une orchidée brune, originale dans sa laideur, qui pousse à côté : elle sent franchement le bouc.

Il me tardait d'arriver à la partie du jardin où s'amoncellent les variétés de palmiers. Nous y parvenons à travers des lignes d'*Orcodoxa regia*, aux troncs tubulés, lisses et blancs, qui semblent une allée de piliers menant à quelque temple; mais d'ailleurs n'est-ce pas un temple que ce parc, le sanctuaire de la Nature?

Voici la gloire de Ceylan, le célèbre *talipot*, la *Corypha umbraculifera* : d'un tronc droit d'une soixantaine de pieds, se détache un vrai bouquet de verdure, une gerbe d'immenses raquettes ayant chacune au moins 7 à 8 pieds carrés de surface. La description n'en peut donner une idée : disons seulement que c'est un palmier géant, un palmier vert, un palmier qui donne de l'ombre; et que, pour toutes ces raisons, c'est bien le « roi des palmiers ».

A quelques pas de là, est un autre talipot, plus colossal encore, d'au moins 90 pieds, qui vient de fleurir. Les feuilles à demi desséchées se sont repliées contre le tronc; elles ont fait place à une sorte de vivante aigrette, gerbe fine et tremblante; le décor est différent et ce n'est pas moins beau.

Le talipot est un arbre que les poètes devraient chanter et au pied duquel les philosophes devraient songer : jugez plutôt. Le roi des palmiers grandit pendant vingt à trente ans; il atteint la plénitude de sa force, puis peu à peu ses belles feuilles, ses gigantesques raquettes ploient, s'affaissent; la fleur sort, grandit, s'élève : c'est l'apogée de l'arbre, le moment où il porte le panache souverain.

Mais toute grandeur est passagère; le beau panache s'incline à son tour, les petites tiges tombent et peu à peu vont rejoindre les feuilles auprès du tronc. L'arbre achève de se dépouiller et meurt de son triomphe même.

Il y a autour du talipot un amas de palmiers de tous pays, de toutes formes qui l'entourent, comme les membres d'une famille accourus pour assister à la gloire de leur chef.

Ainsi j'aperçois le palmier des Seychelles, qui a la prétention de lui ressembler, mais en beaucoup plus petit : il n'a pas de tronc. Puis

le *palmetto palm (Sabal palmetto)* que j'ai surnommé le palmier pleureur, parce que les
extrémités de ses raquettes pendent en longs
filaments, comme les branches du saule. L'arbre a l'air d'une cascade, ou plutôt d'un geyser
dont les flots retombent en corbeille. Le
kittul palm, assez curieux lui aussi : le long
de son tronc se détachent deux ou trois tiges
au feuillage finement découpé, qui portent
chacune un fruit rouge auquel est suspendu un
paquet de fils. Enfin le *palmier des voyageurs*
qui à l'extrémité du tronc porte un véritable
éventail ; chaque tige est terminée par une
feuille semblable à celle des bananiers. On
appelle cet arbre palmier des voyageurs, parce
qu'en pratiquant une incision dans le tronc
on fait jaillir une sève fraîche et nourrissante :
c'est la boisson de la jungle.

Je ne veux point quitter ce jardin merveilleux sans parler de la rivière qui le côtoie,
formant de petits lacs, sur les bords desquels
s'élèvent des massifs de bambous géants. La
tige de chacun d'eux peut avoir quinze centimètres de diamètre à la base, et s'élance à
trente mètres dans les airs.

Hélas ! le temps nous manque : à peine puis-je achever de prendre quelques photographies ; il nous faut retourner à Candy.

C'est à regret que je m'éloigne de cet Éden.

Nous redescendons à Columbo où nous faisons encore quelques promenades dans les boutiques, mais en vain : un marchand m'exhibe un œil de chat qui vaut bien cinq louis et dont il me demande douze mille francs. Je renonce à rapporter d'autres souvenirs du pays que mes photographies.

En prenant une instantanée du bateau à balancier, j'assiste à la prise d'un superbe requin-marteau qui mesure plus de trois mètres cinquante (*Zygœna malleus*).

L'envie de le comparer aux échantillons de squales qu'on possède ici me conduit au Musée où je ne trouve rien de bien remarquable. La seule observation que j'y fasse est celle que j'avais déjà notée au Népaul : certains insectes comme le *Phibobossoma*, semblable à un morceau de bois sec, et surtout le *Phyllium*, remarquable par sa raie médiane et les côtes de ses ailes transparentes pareilles à des feuilles séchées, sont des exemples frappants de la loi darwinienne de l'adaptation au milieu, qui domine l'évolution de toutes les formes vivantes.

Nous voudrions prolonger notre séjour dans cette contrée où tout nous séduit et nous enchante ; mais le plan de notre voyage autour du monde s'oppose à de nouveaux délais ; le Japon nous attend et nous promet autant de merveilles que l'Inde nous en a prodiguées.

C'est en soupirant que nous faisons nos adieux au *Tanaïs* et à ses officiers, de qui nous avons reçu un si bon accueil, pour nous embarquer sur le *Yang-Tsé*, superbe steamer des Messageries, qui se rend à Yeddo.

Le 11 mars, à quatre heures, nous quittons l'île Desgemmes et après un dernier regard sur cette terre indienne où nous avons goûté tant d'émotions et de joies, nous sommes emportés vers l'empire du soleil levant.

FIN

APPENDICE

———

I

LISTE DES ANIMAUX TUÉS PAR NOUS AUX SUNDARBANDS ET AU NÉPAUL

MAMMIFÈRES TUÉS AU NÉPAUL

FAMILLES	GENRES
Cervidés	Rusa Aristotelis.
	Axis maculatus.
	— porcinus.
Porcidés	Sus Indicus.
Félins.	Felis tigris.
	— viverrina.
	Viverra zibetha.
Vulpidés	Canis aureus.
	Vulpes Bengalensis.
Singes	Semnopithecus entellus.
	— shistaceus.
	Macacus radiatus.
Chauves-souris. .	Eteropus Edwardsii.

OISEAUX TUÉS AU NÉPAUL OU DANS LES SUNDARBANDS

FAMILLES	GENRES	ESPÈCES
Broyeurs	Palæornitidés.	Palæornis . . . Torqualus. Cyanocephalus.

FAMILLES	GENRES	ESPÈCES	
Passereaux	Plocéidés	Nelicurvius	Baya.
	Viduidés	. . . . . 3 species.	
	Sturnidés	Gracula	Religiosa.
		Pastor	Roseus.
	Oriolidés	Oriolus	Melanocephalus.
	Corvidés	Ammalocorax	Splendens.
	Phonygamidés	Dendrocitta	Vagabunda.
			Leucogastra.
		Coracias	Affinis.
Prédateurs	Falconidés	. . . . 2 species.	
	Aquilidés	Aquila	Mogilnik.
		Haliætus	Albicilla.
		Spilornis	Spilogaster.
		Pandion	Haliætus.
	Butéonidés	Busarellus	Nigricolis.
	Vulluridés	Gyps	Bengalensis.
		Otogyps	Calvus.
		Percnopterus	Stercorarius.
	Otydés	Bubo	Bengalensis.
		Glaucidium	Cuculoides.
		Glaucidium	Radiatum.
		Carina	Brama.
Chanteurs	Camphiphagidés	Pericrocotus	Speciosus.
	Myagridés	Terpsiphone	Paradisii.
Investigateurs	Hupupidés	Hupupa	Indica.
Lévirostres	Alcédinidés	Alcedo	Bengalensis.
		Pelargopsis	Gurial.
		Ceryle	Rudis.
	Halcyonidés	Halcyon	Pilata.
			Altera species.
	Cuculidés	Endynamis	Orientalis.
		Hierococcyx	Varius.
	Centropodidés	Centrococcyx	Rufipennis.
	Capitonidés	Xaotolæma	Indica.
		Megalæenna	Viridis.
			Lineata.
			Flavifrons.

FAMILLES	GENRES	ESPÈCES
Lévirostres . . . *(su te)*	Bucerotidés. .	Hydrocissa. . . Albirostris.
		Meniceros. . . Bicornis.
Coureurs	Treronidés . .	Osmatreron. . Bicinta.
	Turturidés . .	Turtur . . . . Suratensis.
Pulvérateurs . .	Perdicidés. . .	Starna . . . . Cirenea.
		Francolinus. . Communis.
	Coturnicidés. .	Coturnix . . Communis.
		Encalefactoria. Chinensis.
	Gallicidés. . .	Gallus . . . . Ferrugineus.
	Pavidés. . . .	Pavo . . . . . Cristatus.
Échassiers . . .	Otidés	Sypheotides. . Bengalensis.
	Œdicnèmes. .	Œdicneme . . Crepitans.
	Scolapacidés .	Gallinago. . . Scolapacinus. Stenura.
	Ibidés	Geronticus . . Papillosus.
	Ciconidés. . .	Ciconia. . . . Alba.
		Mycteria . . . Australis.
		Leptopilos . . Argala.
	Ardeidés . . .	Ardea. . . . . Cinerea.
		Ardetrella. . . Cinnamonensis.
		Herodias . . . Alba. Egrettoides.
		Bubulcus. . . Ibis.
		Porphyrio. . . Bellus.
	Gruidés. . . .	Grus . . . . . Antigone.
	Rallidés . . .	Rhynchæa . . Capensis. Pictea.
		Rallus . . . . Indicus.
Nageurs.	Anatidés . . .	Casarca. . . . Rutila.
Longipennes . .	Sternidés . . .	Sterna . . . . Hirundo. Fluviatilis.
Stéganopodes. .	Haleidés . . .	Plotus . . . . Melanogaster.

SAURIENS

Glavial.	Gangeticus.
Hydrosaurus.	Salvator.

CHÉLONIENS
2 espèces

TIGRES TUÉS PENDANT L'EXPÉDITION

DATES	NOMS DES CAMPS		LONGUEUR de la tête à la queue en mesures anglaises	
			Pieds	Pouces
4 mars	Harmagrah	F [1]	8	10
6 —	—	M	4	3
6 —	—	F	8	7
9 —	Bobbiah	F	4	»
11 —	—	F	5	»
12 —	—	F	8	9
15 —	—	M	3	9
16 —	Harmagrah	F	8	7
20 —	—	F	7	»
20 —	—	M	7	9
20 —	—	F	8	9
21 —	—	F	4	6
21 —	—	F	6	3
26 —	Diwangang	F	6	2
26 —	—	M	6	»
27 —	—	M	8	7
30 —	Harmagrah	M	9	8
31 —	—	F	8	6
2 avril	—	F	8	»
4 —	Bobbiah	F	6	10
6 —	—	M	9	8

1. La lettre F désigne les tigres femelles; la lettre M désigne les tigres mâles.

II

PERSONNEL DU CAMP

1° CAMP FRANÇAIS.

Chasseurs.			8
Foreman (directeur du camp)			1
Babous comptables			2
Service des éléphants. (63 éléphants.)	Mahouts.		63
	Charakats (coupeurs d'herbe).		100
	Darogas ou surveillants.		3
	Modi (intendants).		2
Transport. (230 bœufs et 115 charrettes.)	Conducteurs		115
	Kahars (porteurs de palanquin)		4
	Coolies.		50
Postes et paquets.	Péons pour les paquets.		21
	Lettres.	Dak Munshi ou chef facteur.	1
		Facteur	1
Service du camp.	Tarrashs (planteurs de tentes).		3
	Balayeurs		4
	Serviteurs particuliers		7
	Lampistes		3
Blanchisserie	Employés		2
	Cuisine		5
	Service de table.		5
Alimentation	Poulailler (Mourgwala)		2
	Berger pour le troupeaux de moutons		1
	Trayeurs de vache (Charwalsa).		2
Écurie	Saïs.		10
Préparations.	Dépouilleurs.		3
	Empailleur.		1

A reporter... 419

Report. . . 419

3° CAMP NÉPAULAIS.

Soubabs (chefs colonels).	2
Officiers subalternes.	2
Agents de police	10
Shikaris	8
Hommes pour les éléphants (30 éléphants)	80
Coolies, conducteurs, etc.	50
TOTAL GÉNÉRAL. . . . . . . vol. Hommes.	571

N.-B. — Il nous était défendu de tuer des vaches. Nous faisions venir la viande de Calcutta.

III

BIBLIOGRAPHIE

Thirteen Years among the wild beasts of India, by Sanderson.
Letters on sport in Eastern Bengal, by Simson.
Sport in Bengal, by Edward Baker.
Large and small Game of Bengal, by Captain Baldwin.
Sport in many Lands, by H.-A.-L. the old Shekkary.
Jungle life in India, by V. Ball, M. A.
The Mammalia of India, by Sterndale.
Game Birds of India, by Hume and Marshall.
Two Years in the Jungle, by Thornaday.
Voyage dans l'Inde et au Bengale, par L. de Grandpré (1801).
Index geographicus Indicus, by Baness.
A statistical Account of Bengal, by Hunter, vol. I, XVI, XVII.
Sport and Work on the Nepaul frontier, by Maori.
Sketches from Népaul, by Oldfield.

TABLE

PARIS. — IMPRIMERIE CHAIX, RUE BERGÈRE, 20. — 12038-5-9.

www.ingramcontent.com/pod-product-compliance
Lightning Source LLC
LaVergne TN
LVHW012245030726
842520LV00008B/176